福島原発事故はなぜ起きたか

井野博満編
井野博満・後藤政志
瀬川嘉之

藤原書店

〈序〉福島原発事故の本質を問う

井野博満

今、ここで起こっている悲劇

怖れていたことが起こった。遠い国の、過去のことだと思っていた原子力発電所の事故が、この国で現に起こってしまった。広島と長崎の原爆による悲劇、南太平洋での水爆実験による被曝に続いて、この国で起こった核による悲惨な現実が目の前にある。

福島原発事故。実り豊かな大地と海は、放射能という目に見えない毒によって汚染された。周辺の人びとは強制避難させられ、無人の町と村、農地と牧草地と森が残った。共に住んでいた動物たちは放棄され、牛乳は捨てられ、準備されていた苗は植えられなかった。森のきのこや山菜は毒をあびた。海に流れ出た放射能は、海流に乗って沿岸に拡がり一月も経たぬ内に魚の汚染となってあらわれた。こうなご漁の盛期を迎えていた海は禁漁になった。

放射能汚染は隣接する関東各県や宮城県にも及んだ。各県で野菜や牛乳が出荷停止になり、東京の水道水で規制値を超える放射能が検出され、宮城県の牧草や三〇〇キロも離れた神奈川県西部の茶畑も汚染された。放射能は世界の大気と海を汚染し、遠くアメリカやヨーロッパでも検出された。

福島原発事故の本質は何なのか。核エネルギーという、制御困難なエネルギーを使いこなせると過信して、原子力発電をこの地震列島に導入し、次々と建設していったことがそもそもの誤りだったろう。加えて、原子力発電の利権にむらがった人たちが安全性を軽視し、地元住民からの反対や事故を懸念する人びとからの度重なる警告を無視し、当然とられるべき対策を放置してきたこと。それが直接の原因である。

津波さえ防げれば安全か?

想定外でもなんでもない。「反原発」といわれてきた人たちが三〇年間、危ないと言い続けてきたことだ。事故の進展プロセスもおよそ予測どおりである。冷却水喪失、炉心溶融、格納容器の機能不全、水素爆発、放射能の大量放出……。

こういう事故は起こらないと主張してきた原子力発電推進の人たち――電力会社、メーカー、原子力安全・保安院、原子力安全委員会、それらに協力してきた学者たち――は、津波の大きさが「想定外」だったという。その上で、津波さえ防げば原発は安全だとばかりに、高い堤防を築いたり、設備・機器を高台に移したりという対策が語られている。だが、より根本的には、地震対策が不十分だったのである。

二〇〇七年七月の中越沖地震によって柏崎刈羽原発七基が被災した。敷地はずたずたになり、燃料タンクの火災も発生したが、幸運にも大事故には至らなかった。マグニチュード六・八という直下型の比較的小さな地震であったが、地震動の大きさは設計で想定していた四五〇ガルを大きく超え、一号機では一六九九ガルに達した。想定した地震動が小さすぎたのである。地震の評価の仕方が適切でないということで、それ以前から耐震安全指針の改訂が進められていたが、この中越沖地震を契機に日本にある全原発の耐震強度の見直し（バックチェック）が進められた。新しい基準地震動の考えが導入され、柏崎刈羽原発については、現実に起こった地震動を考慮して一～四号機で二三〇〇ガル、五～七号機で一二〇九ガルが設定された。しかし、それ以外の原発は、福島第一原発を含め一律に六〇〇ガルと設定された。

今回の東北大地震は、この基準地震動から想定された建屋基礎版の揺れを超え、この基準地震動の設定が不十分であることを示した。実際に外部電源を供給していた送電線の鉄塔は倒れ、変電所は故障し、大事故の引き金を引いた。その後は津波による浸水や燃料タンクの流出で補助電源であるディーゼル発電機が故障し、全電源喪失となったが、事故の進展プロセスから推定すると、地震による一号機での再循環系配管や蒸気管の破損、二号機での格納容器下部のサプレッションチェンバー（圧力抑制室）の破損、四号機使用済み燃料プールのスロッシング（地震によって液面が波打つ現象）と破損、などなどが疑われる。福島第一原発は地震と津波のダブルパンチを受けたのである。

地震で危機的状況に陥ったのは、福島第一原発だけではなかった。福島第二原発では冷却材浄化系が停止し、東海第二原発では外部電源が三日間に渡って喪失し、ディーゼル発電機の一台も故障した。女川原発では、一号機で火災が発生した。さらにまた、非常時の防災の要と位置づけられていた各地のオフサイトセンターも地震で機能しなかった。これらから言えることは、原子力発電施設がいかに地震に対して脆弱であり、かつ、事故への備えがなかったか、ということである。

「事故の場合も破局的にならない」技術を

原子力発電の技術的脆弱性は、地震だけにとどまらない。チェルノブイリ事故やスリーマイル島事故は、地震とは無関係に起こった。運転員の操作ミスや判断ミスが指摘されるが、それはどの技術でもありうることで、それをカバーするようにフェールセーフの設計がなされねばならない。事故はさまざまな原因で起こりうる。小さなミスや機器の故障が、運が悪いと大きな事故へつながってゆく。原発でも多重防護の設計がなされていたはずだが、それが突破されてしまったのがこれらの大事故である。福島原発事故も同じである。原子力発電の本質的脆弱性は、あまりに莫大なエネルギー源を炉内に持ち込んでいるということである。その制御に失敗して核暴走（核爆発）を引き起こしたのがチェルノブィリ原発事故であり、核分裂反応停止後の過大な崩壊熱の除止に失敗して炉心溶融に至ったのがスリーマイル島原発事故、福島原発事故であった。しかも、その脆弱性は、放射性物質を大量に環境にまき散らすという危険と結びついている。

完全な技術というのはありえない。人間の認識や経験には限界がある。とするならば、事故が起こった場合でもそれが破局的なものにならないような技術でなければならない。原子力発電はそのような受忍可能な技術ではない。加えて、使用済み核燃料（死の灰）を、われわれの手がとどかない千年も先の遠い未来にわたって管理することを強要する……被曝労働が避けられないという現実とあいまって、原子力発電は人類と共存できない捨て去るべき技術である。

急を要する避難と補償

福島原発事故は、チェルノブィリ事故と同じレベル7の「深刻な事故」であると認定された。事故が起こった当初、東京電力や保安院、テレビで解説する学者たちは何を言っていたか？　水素爆発は起こったが、原子炉や格納容器は無事だ、チェルノブィリのような大事故になる心配などまったくない、と楽観的な予測を述べていた。しかし、事故を小さく小さく見せようとするそれらの発言は次々と現実によって裏切られ、遂にはレベル7の数万テラベクレル（$1 \sim 10 \times 10^{16}$ Bq）の基準をも超える数十万テラベクレルの放射性物質を放出するという大事故であることが明らかになった。

事故を過小評価したことのつけは、避難指示の遅れとなり、妊婦・幼児を含む多数の住民を放射線被曝させる事態を生んだ。避難指示は二〇キロ圏内にしか出されず三〇キロ圏内は室内退避とされたため、事実上、その地域の住民は放射線から無防備の状態におかれた。さらに、福島第一原発の北西方向に当る飯舘村や浪江町の一部地域では、三〇キロ以上離れているにもかかわらず、事故三ヶ月後の現在、すでに累積線量が政府認定の居住許容限度二〇ミリシーベルトを超えてしまっている。さらに、五〇キロ圏外の福島市、郡山市、いわき市でも、年間累積線量が二〇ミリシーベルト前後に達すると予測される事態のなかで、小・中学校・幼稚園は例年どおり新学期が始まり、妊婦・乳幼児の居住も続いている。

首都圏の人びとは、福島原発や柏崎刈羽原発からの電力供給の恩恵に浴してきた。原発の電気を望んだわけではないにしても、事実としてそれを使って生活してきた。その供給地の人たちが苦境にあるなかで私たちは何ができるのか？　汚染地の人たちをそのまま放置しておいてはならない。〝避難する権利〟を保証すべきである。そのためには、全国各地の自治体・住民が受け入れ態勢を整えることと東京電力・国がその制度的保証をすべきである。希望移住制度をつくるべきである。

汚染地域の農民・漁民は、東京電力に対し、出荷停止を受けた生産物およびいわゆる「風評被害」により売れなくなった生産物に対する損害賠償を求めている。当然のことである。原子力損害調査委員会は生じた損害のすべてを補償の対象とすべきである。

〝新しい技術〟を構想する

この福島原発大事故からわれわれは何を学ぶのか。平和で安心な未来のために何を選択するのか。第一に、戦後原子力の平和利用の名のもとに、一貫して不正に推進されてきた原子力発電の開発体制をぶち壊すことである。電力会社や関連企業、それら企業と結託した政治家、経済産業省の役人、原子力学界。利権を求めて構築された政産官学の不透明な壁を打ち破ることである。電気事業法によって保護された電力の地域独占体制をくずし、脱原発へと向かう新しいエネルギー政策を築いてゆかねばならない。この大事故を機におこなわずにいつ実現できようか。研究者の一人として痛感することは、この国の学者たちが利権構造に取り込まれ、学問本来の批判精神を忘れ、そのなすべき社会的責務を放擲してきたことの責任である。それを断罪する声が巷に満ちていることを認識し、この間の原発安全審査に深く関わってきた学者たちは、その職を辞して身を律するべきである。

原発ルネッサンスはかけ声ばかりで、世界の趨勢はすでに脱原発・自然エネルギーの開発へ向かっている。福島原発事故で原発から自然エネルギーへの転換はますます加速されるであろう。もちろん、自然エネルギーといえども、資源を必要としその供給力には限界がある。近代工業社会を特徴づける巨大都市の建設・長距離高速輸送・大量生産大量消費システムは化石燃料の大量消費によって実現されたものである。効率のよい資源である化石燃料の消費を減らしてゆくには、節電・省エネルギーの努力とともに現代技術システムの大変革が必要である。われわれの前には、そのような新しい技術を展望する広大な研究分野が拡がっている。その新しい技術の構想は、事業者や役人が一方的につくるものではなく、市民社会に根ざした共働によってつくり出してゆくことになるだろう。筆者らは、そのような来るべき技術のあり方についての共同討議の成果を『徹底検証 21世紀の全技術』(現代技術史研究会編、藤原書店、二〇一〇年十月刊)にまとめた。本書とあわせてお読みいただければありがたい。

本書は福島原発事故が起こった二〇一一年三月十一日から一ヶ月余り経った四月十六日に明治大学リバティホールで開催された講演会「いま原発で何が起こっているか——東京電力福島第一原子力発電所事故と原発立国のこれから」(ちきゅう座・現代史研究会主催)および四月二十六日に町田市民フォーラムで開催されたシンポジウム「いま、福島原発で何がおきているのか？」（原発事故を考える町田市民の会主催）での講演と質疑応答を再構成したものである。それぞれの集会の開催にご尽力いただいた実行委員会の方々に厚くお礼申しあげる。また、質疑応答に加わっていただいた参加者の方々に感謝する。

これら講演会での講演者の発言は、事故後一ヶ月あまりという、まだ事故の進展状況が十分つかめない時期でのものであり、推測に基づいて意見を述べているところもある。しかし、その後、東京電力や原子力委員会が明らかにした事故経過や環境汚染状況を示すデータに照らしてみて、おおすじの理解は間違っていなかったと考える。事故の大きさや放射能被曝の程度に関して、おめでたい楽観的見通しを繰り返していた同時期の政府発表やテレビ解説学者の発言と対比していただきたい。彼らの発言が、いかに間違ったものであり、事態を隠蔽するものであったかをよく理解されるであろう。情報公開が遅れたことで、放射線被曝の被害を拡大したことの罪は許しがたいものがある。

この福島原子力事故の衝撃によって、原子力発電存続の是非が改めて問われることになった。事故原因、放射線被曝の大きさ、他の原発の安全性、という三つの問題が、原発存続を望む人たちと原発廃止を求める人たちとの間の主要な論点になっている。これらの問題について、現在までの事態の進展をふまえた補遺を書き加えた。

付録として、読者の便宜のため、福島原発事故の経過と、原子力の歴史の概略を記した二つの年表をつけた。また、「柏崎刈羽原発の閉鎖を訴える科学者・技術者の会」の『「福島原発震災」をどう見るか——私たちの見解』一・二・三を掲載した。この会は、二〇〇七年の中越沖地震で被災した柏崎刈羽原発の安易な運転再開を許さないために発足したが、福島原発事故に直面し、その事故分析と対応のための作業部会をつくり議論を重ねた。『見解』一・二・三は、その結果を公表したもので、筆者の現状認識の源になっている。議論に参加された同志の面々に感謝する。

本書の企画は、事故の原因とその影響の大きさについて、一刻も早く広く真実を伝えたいという藤原書店藤原良雄社長の提案によるものである。本書をつくるに当たって、お世話になった編集部山﨑優子氏に厚くお礼申しあげる。

二〇一一年六月十一日

各地の反原発デモのニュースを聞きながら

福島原発事故はなぜ起きたか／目次

福島原発事故はなぜ起きたか

装丁・作間順子

第1章 福島原発事故の原因と結果

井野博満

はじめに——原発の安全性を問う

二〇〇七年の柏崎刈羽原発被災

三月十一日の東日本大震災による地震・津波で、福島第一原発が大きな被害を受けました。そのことをお話しするにあたって、まず、二〇〇七年の新潟県中越沖地震で柏崎刈羽原発が被災した話から始めたいと思います。

三年前の二〇〇八年、『まるで原発などないかのように』（原発老朽化問題研究会編、現代書館）という本をまとめました。この中で、著者の一人である田中三彦さんがこういうことを書かれています。

「原発は事故を起こすまでは安全だ。」

「原発は、たぶんそれなりに注意深く設計されているし、当然ながら多分〝それなりには〟慎重に運転され管理されてはいるだろうから、たとえわれわれが原発の存在を忘れてしまうほど長い間原発の大事故が起きないとしても、それは当たり前であって、とりたてて不思議ではない。だが、それは少しも原発が安全な構築物であることを意味しないし、『長い』は永遠を意味しない。」

私たち都市にいる人間は、新潟の原発のことを忘れているのではないか、福島の原発から電気をもらっていることを忘れているのではないか、原発の存在を忘れて電気を享受している、そうした事態への警告として『まるで原発などないかのように』という題をつけたんですが、こういう警告が、今回の福島原発事故でかくも早く〝悪夢のごとき現実〟になってしまったのは、大変に不幸なことです。

二〇〇七年七月に、柏崎刈羽原発が新潟県中越沖地震で被災しました。この時は、あわや、というところで止まって、事なきを得ました。一部施設は破壊され、火災も起きましたが、原発そのものは無事に止まりました。しかしそれは、今から考えますと、現在の事態に対する、自然からの最後の警告だったのではないか。私たちも、柏崎刈羽原発の被災を非常に危惧しまして、安易な形で再開してはいけない、こういう被災を受けた原発は閉鎖すべきであるということを強く言わなければいけないと、「柏崎刈羽原発の閉鎖を訴える科学者・技術者の会」を立ち上げて、その後、原発の耐震安全性の徹底的な見直しを求めて活動してきました。

しかし、東京電力、あるいは原子力安全・保安院、さらには原子力安全委員会は、われわれの主張、そして原発を危惧する地元住民の意向をほとんど考慮しないで、柏崎刈羽の七基を順次再開し、現在では四基まで運転再開しています。後は、被災の程度のひどい二号機、三号機、四号機が残っていますが、このうちの三号機について、一昨日（四月十四日）、東電の清水社長が「年内には三号機も運転再開したい」ということを、事もあろうに、今度の福島原発事故のお詫び会見の中で、発言しました。地元は当然非常に憤慨しており、直ちに撤回するように抗議の申し入れをしています。

私たちは、柏崎刈羽をきっかけにした原発の安全性の見直しが、福島で活かしきれなかったという事実に、心の底から落胆しています。また、津波と原発事故という二重の災害で避難生活を余儀なくされている人びと、被曝を余儀なくされる原発の作業現場で働いている方々の苦労には、胸が痛みます。

最終的には〝原発をなくす〟こと

このように、状況は非常に悪化しているわけで、政府のように楽観しているだけではどうにもなりませんので、事態を少しでも改善するように、また、最終的には〝原発をなくす〟ということを実現するように、これからやっていきたいと思っています。

今日の私のお話は、「Ⅰ」から「Ⅳ」まであります。まず「Ⅰ」として原子力発電のしくみ、それから「Ⅱ」で福島原発事故の概要をお話しします。詳しくは私の後の後藤政志さんのお話を聞いていただきたい。「Ⅲ」として放射線被曝の状況、また考え方ということをお話しします。これは後で瀬川嘉之さんにきちんと解説をしていただきます。「Ⅳ」で、こういうことが起こった原因、「事故責任」――福島原発事故は人災ではないのか、について、私の考えを述べさせていただきます。

Ⅰ　原子力発電のしくみ

原子力発電のしくみについて、ここではごく簡単にお話しします。火力発電との違い、原子爆弾との違い、原爆・原発の共通原理、連鎖反応→臨界、それから異常時（地震など）の対応、これらについてお話しします。

図1―1は原子力発電の概略図です。原子炉圧力容器の中にウラン燃料が入っていて、この中は三〇〇℃近い温度になっていて、七〇気圧です。それらを格納容器が覆っています。万一トラブルが起こったときには、格納容器の中で放射線の出るのを防ぐという構造になっています。原子炉で発生したこの三〇〇℃の蒸気を送ってタービンを回し、そのタービンの力で発電機を回して、電気という形にして送る、簡単に言えばそういうことになります。タービンを回した後の蒸気は、復水器を通して海水を使って冷やし、水に戻します。

図1—1　原子力発電の概略図

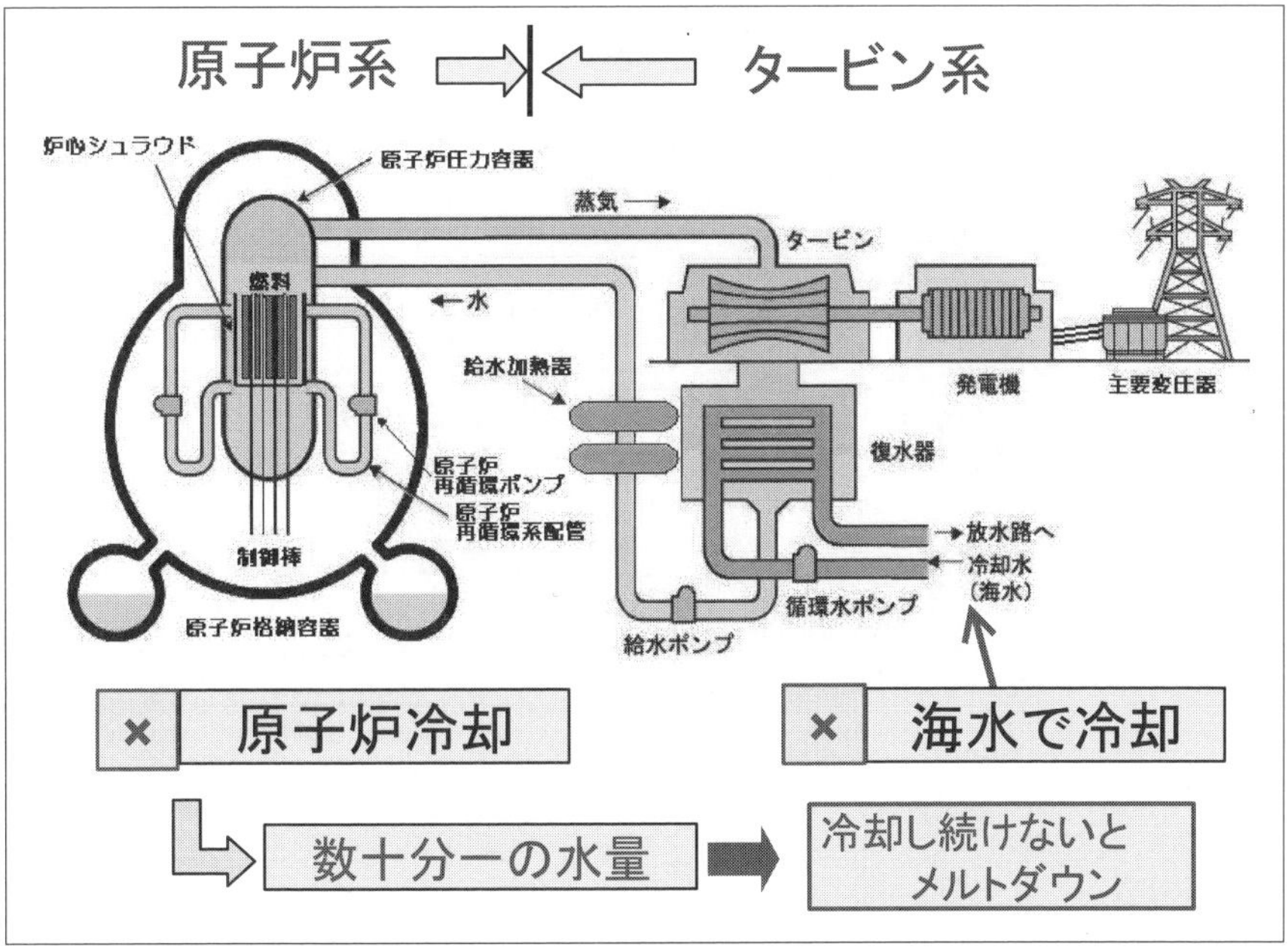

戻した水は給水ポンプでまた原子炉の中に戻し、燃料を冷やすのに使います。これが水の循環システム、原子炉の冷却システムです。

原子力発電と火力発電との違いは、火力発電は燃料が石炭、石油、天然ガスなどの化石燃料、それに対して原発では核物質を燃やすことになります。いずれも、圧力容器というおかま、ボイラーというやかんのようなものの中で蒸気を発生させるということは共通しています。

なぜエネルギーが取り出せるかということをお話しします。原子の構造の図を見てください（図1—2）。原子核があって、まわりに電子があります。原子核は陽子と中性子で構成されています。火力発電に使う化学反応——石油を燃やすという燃焼反応は、原子の結合の形を変える、ということです。原子核はいじりません。原子核に電子がくっついている、という原子の外側の電子の構造を、石油の分子

図1—2
原子の構造

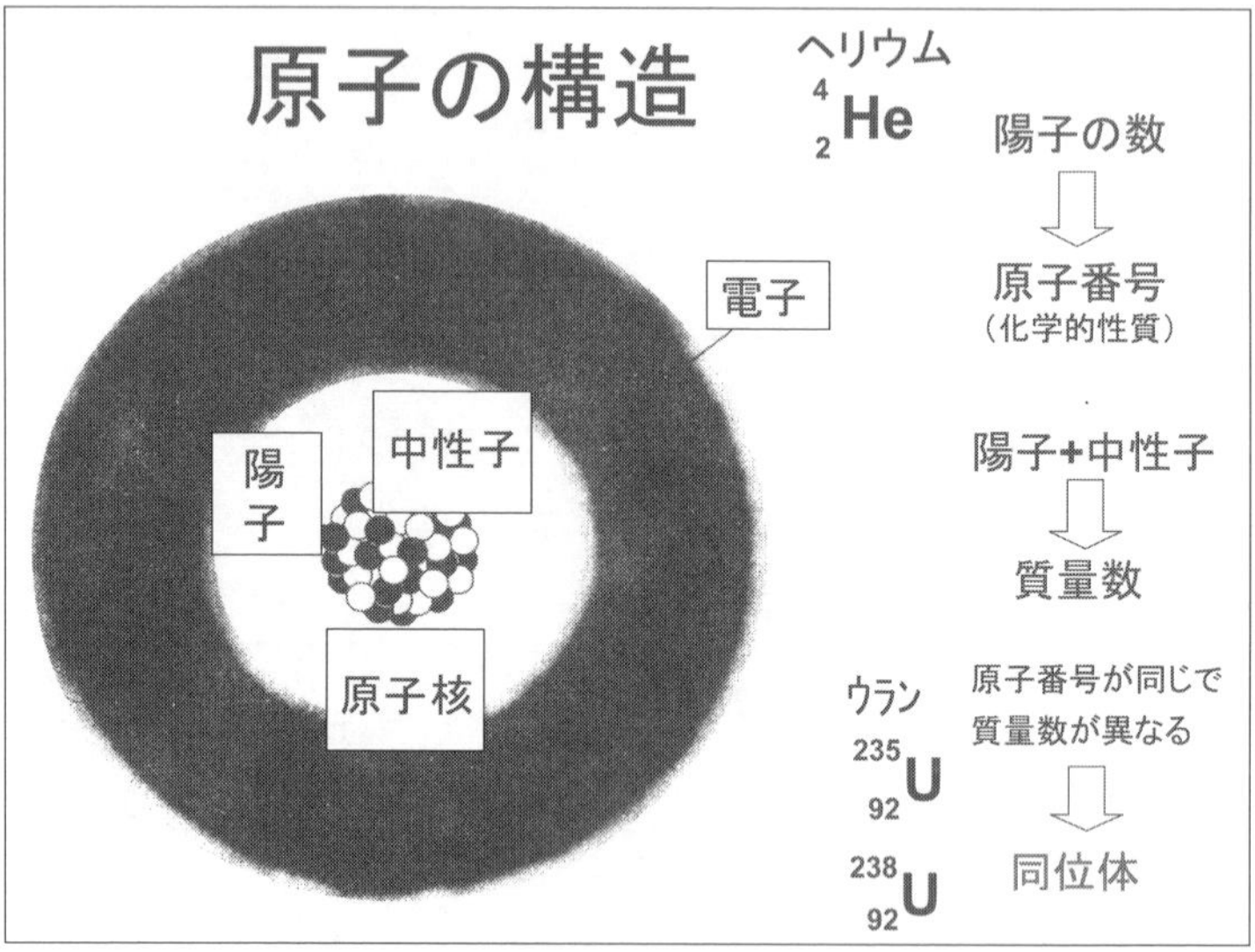

から炭酸ガスと水という形に変える、その時にエネルギーを取り出すということになります。つまり化学変化でエネルギーを取り出します。

ところが原子力というのは、原子核そのものを壊すことでエネルギーを取り出します。原子核は陽子と中性子というもので構成されていると申し上げましたが、この原子核を分裂させることで、エネルギーを取り出します。ウランですと中性子の数がちがう２３５と２３８があって、同位体といいますが、２３５が核分裂をしてエネルギーを出す。

ウラン２３５に中性子を当てて、たとえばクリプトン９２とバリウム１４１に核分裂する場合は、

ウラン２３５＋中性子→クリプトン９２＋バリウム１４１＋三つの中性子＋エネルギー

となります。質量数で書くと、

２３５＋１＝９２＋１４１＋３

核反応の前後で合計の数は同じです。

図１—３を見てください。ウラン２３５に中性子を一つポン

図1—3　核分裂の一例

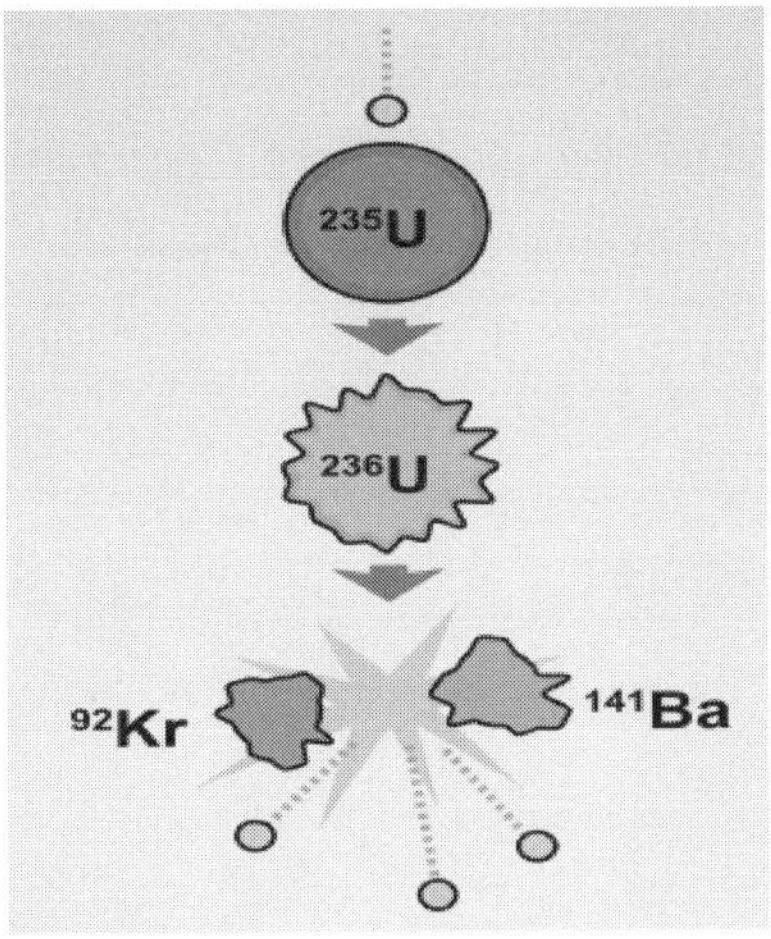

とぶつけると、不安定になったウラン236が分裂して、クリプトン92とバリウム141にボンッと分裂します。この分裂のしかたには、セシウムやヨウ素ができる反応など、さまざまなパターンがあります。いずれにしろ、中性子を一つ当てて、反応によって中性子が二つか三つ出てくることになります。この時に出た中性子が、また別のウランにぶつかる。それぞれがぶつかって、また不安定になり、また分裂する……次々に反応するということになります。この連鎖反応によって、臨界に達します。

このままいきますと、核爆発ということで原子爆弾になってしまいます。原発では、制御棒で中性子を吸収して一定出力で反応させ、熱を取り出し発電するということをやります。

さて、異常時です。原発では、地震などの異常が起こると、〝止める〟〝冷やす〟〝閉じこめる〟ということをやります。

〝止める〟というのは、制御棒を挿入して、中性子を吸収し、これ以上反応を起こらなくする。

〝冷やす〟というのが次に大事です。これがなぜ大事かというと、原発は、核分裂が終わった後も、原子炉の炉心が熱を出しつづけるんですね。これを「崩壊熱」といいます。不安定な放射性元素が安定な元素になるまで熱を出しつづける。冷却水を流してこれを冷やしつづけることが必要になるというわけです。

〝閉じこめる〟というのは、原子炉圧力容器の外に格納容器というのがあって、どんなことがあっても放射能を外の環境に出さないということです。

つまり、異常時には、これらをうまくやらなければいけません。今回の福島事故では、〝止める〟のは何とかできたけれども、〝冷やす〟から失敗して、〝閉じ込める〟も失敗して、大事故になったのです。

Ⅱ　福島原発では何が起こったのか

次に、福島原発で何が起こったのか、概略をお話しします。①冷却材喪失、その結果②燃料棒の破損、その結果③格納容器の閉じ込め機能の喪失、さらに④水素爆発が起こって、⑤海水を注入したけれども、⑥炉心溶融に至った。その結果、⑦高濃度汚染水の流出——というように進展しました。

図1—4は、福島第一原子力発電所の計六機の全体図です。一号機は建屋内で水素爆発を起こしました。三号機もそれより後に水素爆発を起こしました。二号機は爆発が地下で

図1—4　福島第一原子力発電所（6基）

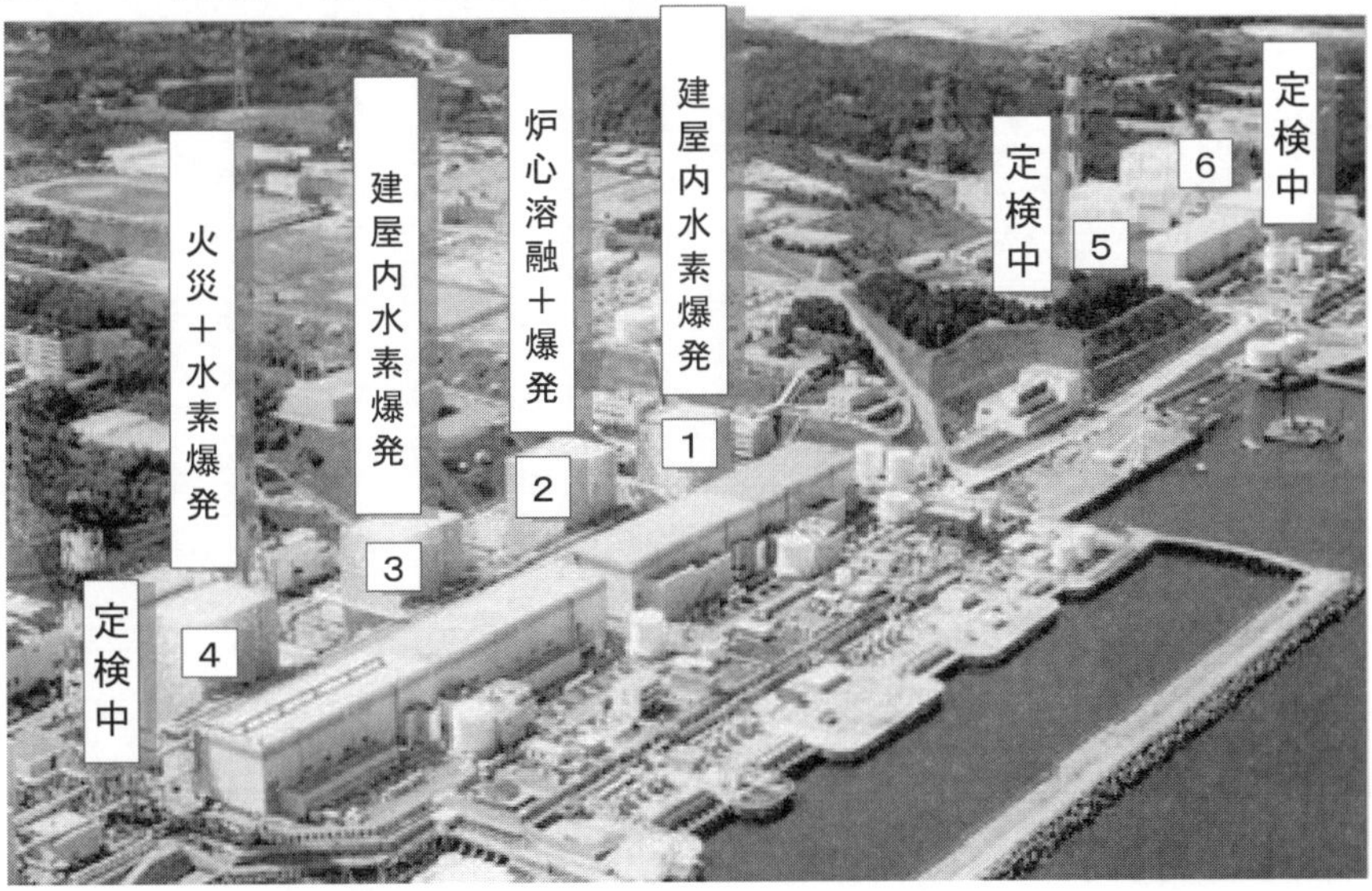

起こって、現在は炉心溶融。……二号機にだけ炉心溶融と書いてありますけれども、現在はもう全機、炉心溶融していると思います。それから四号機は定期検査中で止まっていました。一、二、三号機が動いていて、四、五、六号機が定期検査で止まっていたんですけれども、四号機では使用済み燃料プールが火災を起こして、水素爆発しました。

個々の一号機、二号機、三号機……のそれぞれで、何がどう起こったかというのが少しずつ違うのですが、概略ということでだいたいのことをこれからお話しさせていただいて、その後それぞれがどうであったかという詳しいお話は、この後の後藤さんにしていただこうと思います。何が起こっているのか、我々のグループで、情報が少ない中でいろいろと検討しているわけです。

先ほどの**図1—1**をもう一度見てください。まず一番大事なのは、原子炉圧力容器の中です。圧力容器というのは、燃料をおよそ三〇〇℃ぐらいで燃やして、三〇〇℃の蒸気をつくって送ります。なぜ三〇〇℃で燃やさなければいけないかというと、低い温度では効率が非常に悪いんです。蒸気は高い方がいいということで、せいぜい二九〇～三〇〇℃にはしなければいけない。三〇〇℃ですと、圧力が七〇気圧ぐらいになります。普通の大気圧で、お湯は一〇〇℃で沸くわけですから、大気圧で沸かしている場合は、一〇〇℃の蒸気しかとれない。それでは熱効率が悪いので、三〇〇℃まで上げようと。そうすると、中は七〇気圧という非常に高い圧力になります。

ですから、もしこれがぶっ飛ぶということになると、大変なことになります。外に放射能が出ます。しかしそれは、格納容器で必ず抑える、ということで、さらに格納容器があります。

STEP1　冷却材喪失

原子炉内には、水の循環システムによって、蒸気が復水器で水に戻って常に冷たい水が来て冷えているわけですが、今回の事故では、その冷却システムを動かす外部電源が地震で停まりました。鉄塔が倒れるなどして電気が来なくなり、ポンプなどの外部電源を消失する、ということが、まず地震によって起きたわけです。

外部電源を消失したときには、非常用の補助電源としてディーゼル発電機があるんですけれども、地震とその後の津波で発電機が故障し、燃料タンクも流出してしまって、この非常時補助電源も働きませんでした。この二重の打撃で、原子炉に水を送れなくなったというのが、今回の事故の始まりです。〝冷却材喪失〟がまず起こった、これが第一段階です。

＊一号機では非常用復水器（アイソレーション・コンデンサ）が、二、三号機では原子炉隔離時冷却系（ＲＣＩＣ）が蒸気により作動したが、数時間ないし二十数時間後に停止。付録２「福島第一原発の事故経過と放射能汚染」参照。

ＳＴＥＰ２　燃料棒の破損

次に、燃料棒が壊れました。これはどうしてかというと、原子炉内にあたらしい冷却水が来ないので、熱によってそれまであった水もだんだん蒸発していきます。蒸発しますと、水位がだんだん下がり、圧力がどんどん上がります。そうしますと、圧力が七〇気圧を超えてはいけないので、その場合は蒸気を外へ出すなどしなければいけない。しかし、とにかく水が来ないんですから、中にある水はどんどん蒸発する一方です。蒸発すれば、当然、それまで原子炉の炉心を水が満たしていたんですが、だんだん水位が下がってくる。**図1―5**を見て下さい。通常であれば、燃料棒よりも四メートルも上に水面があるわけですが、それがどんどん下がって、とうとう燃料棒が露出することになります。露出しますと、その部分の燃料棒は冷やされません。したがって、崩壊熱によって燃料棒の温度がどんどん上がります。そうすると、燃料棒の被覆管のジルコニウム合金、ジルカロイといいますが、それが水蒸気と反応して、水素を発生することになります。

図1—5　水素爆発にいたるまで

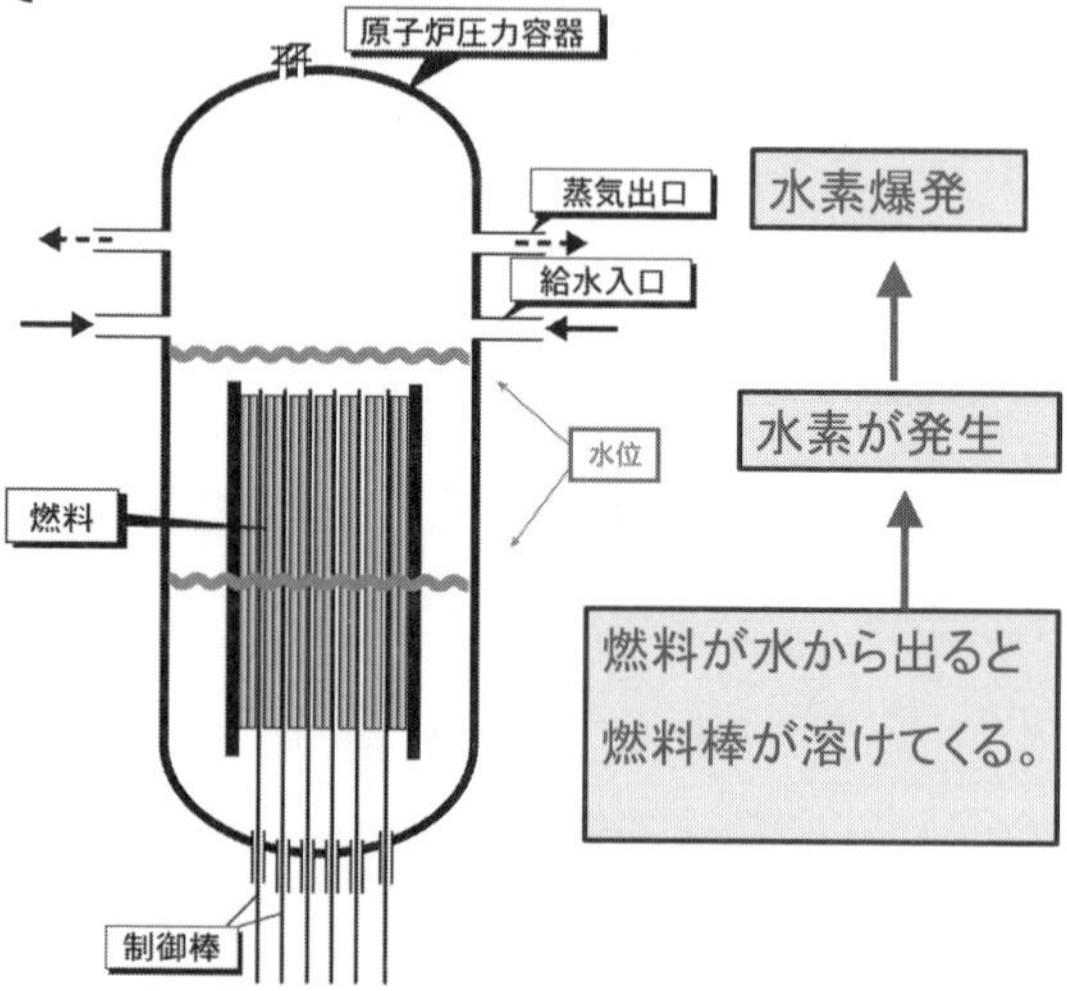

燃料棒には、中にウラン酸化物のペレットがあって、ジルカロイというジルコニウム合金でこのペレットを覆っているんですが、ジルコニウム合金と水蒸気が反応します。化学式を参照してください。

$$Zr + 2H_2O \rightarrow ZrO_2 + 2H_2$$

ジルコニウムというのは非常に酸化しやすい金属ですので、水から酸素原子をもらって酸化物ができて、水素が発生することになります。温度がおよそ一〇〇〇℃を超えると、このような反応が起こってきます。そうしますと、水素が発生すると同時に被覆管が破れます、ボロボロになってくる。そしてウラン燃料がむき出しになります。その結果、放射性物質が原子炉内に充満することになります。

冷やされないと燃料棒の温度が上がり続けるのは、〝崩壊熱〟によるものです。原子炉内の核分裂生成物が放射線を出し続けますね——放射線というのは、そのエネルギーが吸収されて熱になるわけです。この熱が、核分裂の停止後も出続けるという、これが原子力発電の特徴で、また非常に怖いところです。たとえば私たちがやかんを火にかける場合を考えてみましょう。火を止めれば、止めたばかりの時はやかんは熱いけれども、だんだん冷めていきますよね。しかし原子力発電の場合は、その中にある燃料自体が、さらに熱を出し続けるわけですね。それはどうしてかというと、核分裂をしてできた物質は、安定な元素ではなくて、放射性元素というもので、それがだんだん壊れていくのです。壊れていくときに、ガンマ線、ベータ線などの放射線を出し、その放射線が原子炉の中では熱に変わるわけですね。それが、〝崩壊熱〟です。核分裂の際の熱以外に、核分裂が停止した後も、崩壊熱というものを出し続けるわけです。

今回の福島第一原発の場合、一号機で五〇万キロワット程度、それから二号機、三号機、四号機はそれぞれ八〇万キロワット程度の出力があります。新しく建設された原発は、だいたい一〇〇万～一一〇万、さらには一四〇万キロワットの出力のものもあります。今は簡単に一〇〇万キロワットとして考えますと、熱出力はその三倍の三〇〇万キロワットになります。ということはつまり、三〇〇万キロワットのうち、三分の一の一〇〇万キロワットだけが電力として使うことができ、残りの三分の二は温排水として捨てられるわけです。崩壊熱は、この熱出力を基準として、運転停止の直後には六～七%、三時間後にもまだ一%、以後もゆっくり減少してゆきます。

図1—6は、炉心の崩壊熱の時間変化を示しています。運転停止の二時間後から書いています。事故から一ヶ月経っても、〇・二%です。いま、四号機の燃料プールには、半年間ぐらいの間の燃料が入っていますが、それでもまだ〇・一%残っているわけですね。二

図1—6　炉心の崩壊熱

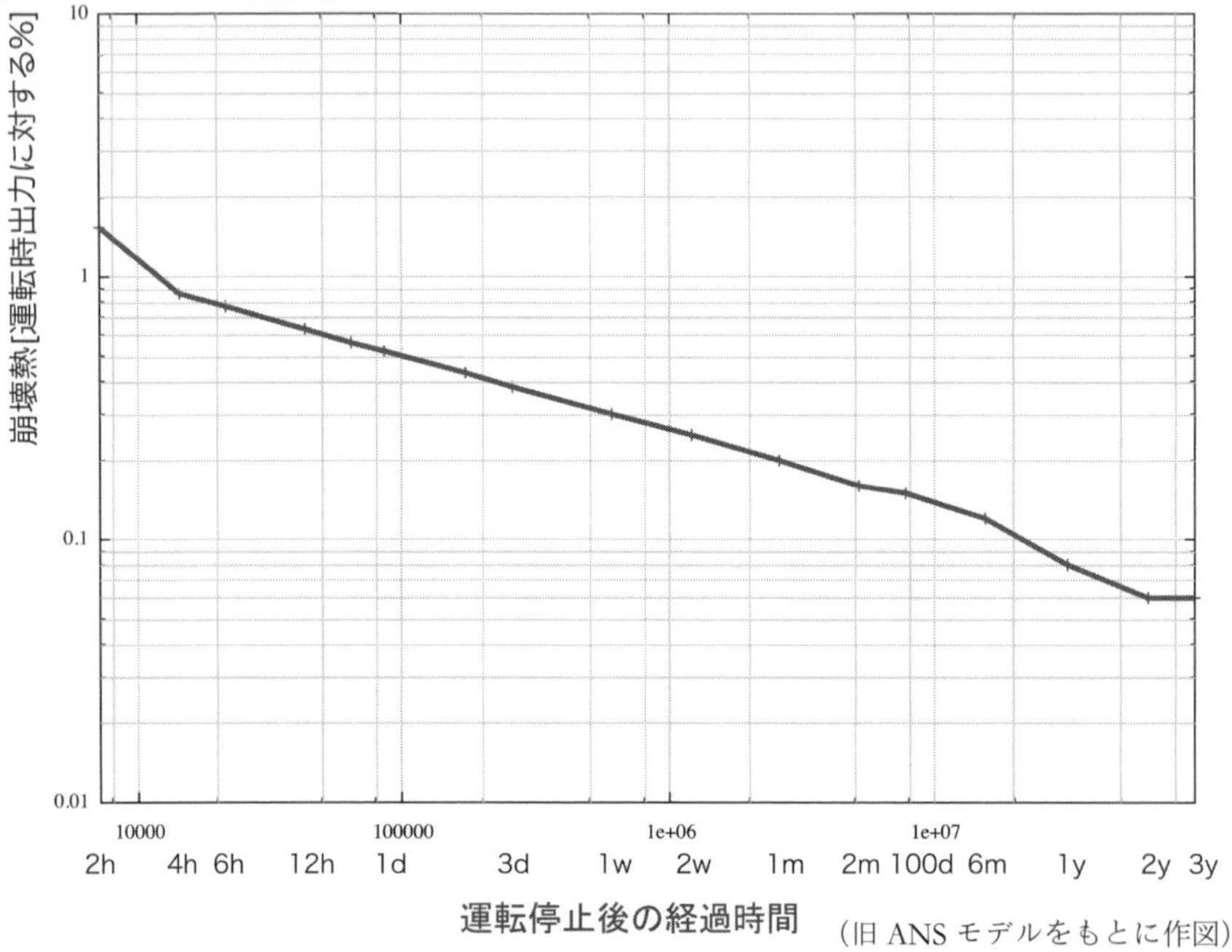

(旧ANSモデルをもとに作図)

年経ってもまだ〇・〇六％ぐらいの熱が出続けます。これをずっと、年単位で冷やし続けないと、この福島事故は収束しない、ということになります。

STEP3　格納容器の閉じ込め機能喪失

さて、先ほど申し上げたように、崩壊熱で水が蒸発して原子炉圧力容器の内圧が上昇します。そうするとこのままでは破裂するので、水蒸気を外の格納容器に逃がすことが必要になります。この水蒸気というものは、ただの水ではなくて、水素、放射能、放射性物質が入った三点セットです。そういう水蒸気です。そうしますと今度は、格納容器の方の内圧が上昇します。原子力圧力容器というのは七〇気圧で設計されていますが、格納容器はせいぜい四気圧までの容量でしか設計されていません。どうして四気圧でいいのかという話は、後で後藤さんに聞いてください。彼が四気圧で設計しましたので。

しかし現実的には、今回の福島のような非常事態が起こると、この四気圧ではもちません。現実には倍の八気圧になって、ベントといって、弁を開いて、外へ放射能と一緒に水蒸気を出すということを判断しなければならない。今回はその判断を躊躇しているうちに、上部のフランジから漏れてしまった（一、三号機）。あるいは、圧力抑制室から漏れた（二号機）ということになります。いずれにしても、この時点で、すべて〝閉じ込め〟に失敗したことになります。

図1―7は、その図解です。圧力容器の外にさらに格納容器があって、下にサプレッションチェンバー――圧力抑制室というドーナツ型の部屋があって、この中には水が張ってあります。水蒸気を引き込んだときに水の中に入れてそれを凝縮し、それで圧力を抑制する、減らすという機能になっているわけです。

この格納容器の中のサプレッションチェンバーで何とかしようというわけですが、今回の事態ではそれができなかったということになります。下側は圧力容器の中を詳しく見た図です。

STEP4　水素爆発

先ほどお話ししたようなしくみで水素が出て、それが漏れると、水素は軽いので、建屋(たてや)

図1—7　沸騰水型原子炉格納容器と圧力容器

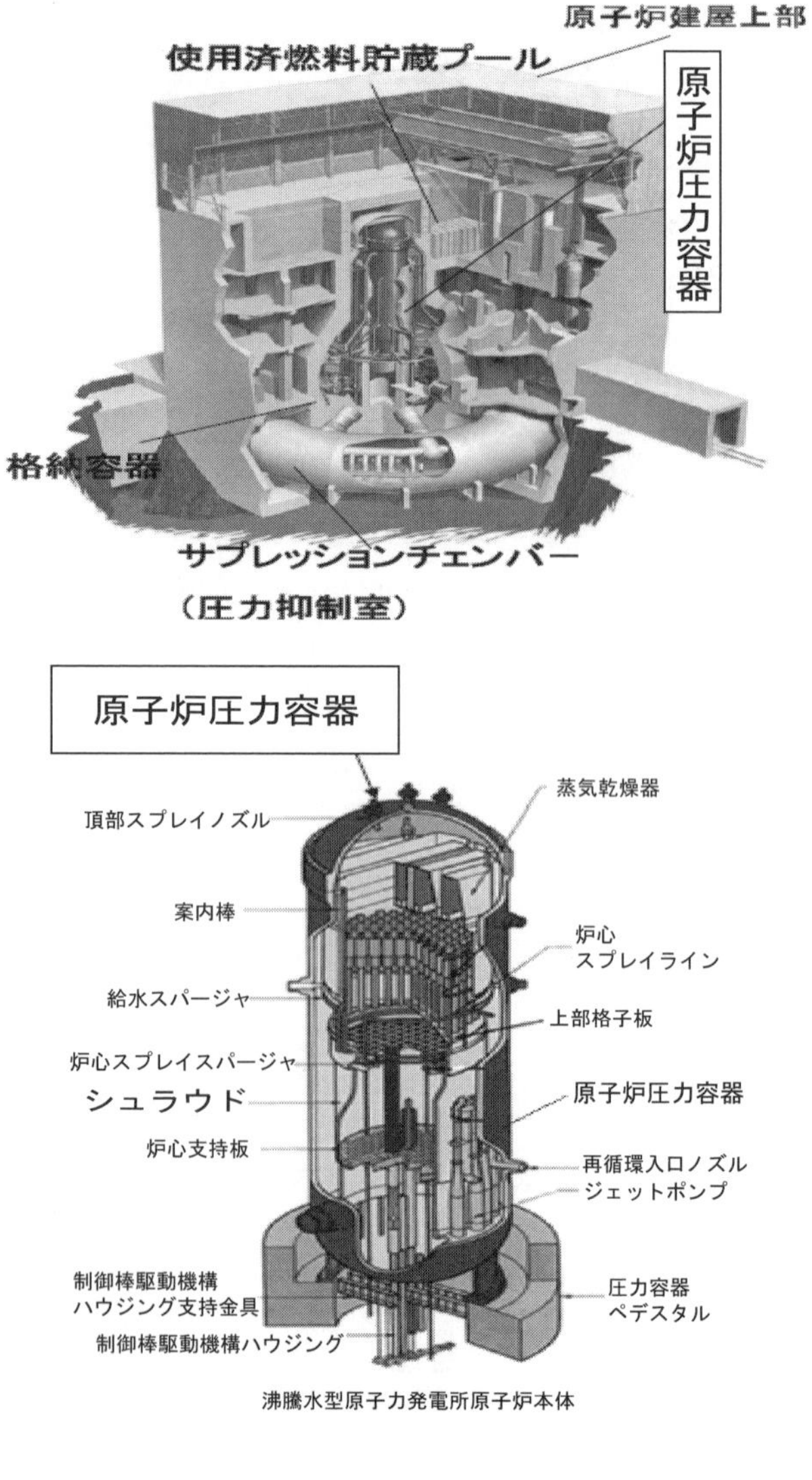

沸騰水型原子力発電所原子炉本体

に入ります。格納容器は窒素で満たしてあるので、この中での水素爆発はないんですが、建屋に入ったところで酸素と混ざりあい、ここで水素爆発を起こしてしまった。

一号機、三号機では建屋の上部で水素爆発を起こし、二号機では下部の圧力抑制室で爆発を起こしました。この上下の違いがどこで起きたかということは、いろいろ検討はしていますけれども、まだよくわからないところがあります。後で後藤さんから、何かあるかもしれません。

図1—8　現在の福島第一原発

現在の福島第一原発です。図1—8は航空写真で撮ったものですけれども、海側から見ていますので右側から一号機、二号機、三号機、四号機です。一号機は爆発してふっ飛んでいますね。二号機は建屋の下で爆発しましたので、上は建物が残っています。四号機は燃料プールが爆発したので、無残な姿になっています。

STEP5　海水の注入

冷却用の水が失われてしまったので、外から消防ポンプで海水を入れるということになり、消防車から放水をしました。同時にまた、配管から圧力容器へ水を注入したわけですが、循環システムが壊れているので、注入した水はすべて外部へ漏れます。

通常であれば循環して、その水がぐるぐる回って、しかも壊れていませんから放射能も少ないわけですが、今は、放射能を含んだ水が外に出るということになります。すなわち、放射能を含んだ水蒸気として大気へ、または放射能を含んだ水として敷地内へ出ることになります。

STEP6　炉心溶融

原子炉内の水がなくなり、空だき状態になって燃料棒が融け始めた――これについては確かです。上の方は確実に融けたんですが、水位がどこまで落ちたか、水がどこまでなくなったかということは、東京電力の発表しているデータでは分かりません。とにかく、上の方が融けた燃料棒が下に落っこちてきます。一号機、三号機はあるタイミングで、圧力容器の底が三〇〇℃~四〇〇℃になっています。それだけの温度になったということは、もし水があるとすると圧力が七〇気圧ぐらいにならなければいけないんですが、その時点で圧力は数気圧しかないんです。ですから、これはもう底に水がなくなったと――少なくとも、ある時期にはなくなったと推測されます。つまり、空だき状態になって融けている。それからさらに、原子炉下部の溶接部から格納容器内へと、その燃料が融け落ちたと考えています。これが、メルトダウン（炉心溶融）です。

STEP7　高濃度汚染水の流出

このように、圧力容器の中になければいけない燃料が、圧力容器を破って格納容器の中に落ちていて、しかも格納容器も壊れていて、高濃度の汚染水が格納容器の外に出た、と思われます。原子炉建屋から高濃度汚染水が流れ出たことで、三号機のタービン建屋の地

図1—9　汚染水のたまり場所（朝日新聞2011年3月28日夕刊より）

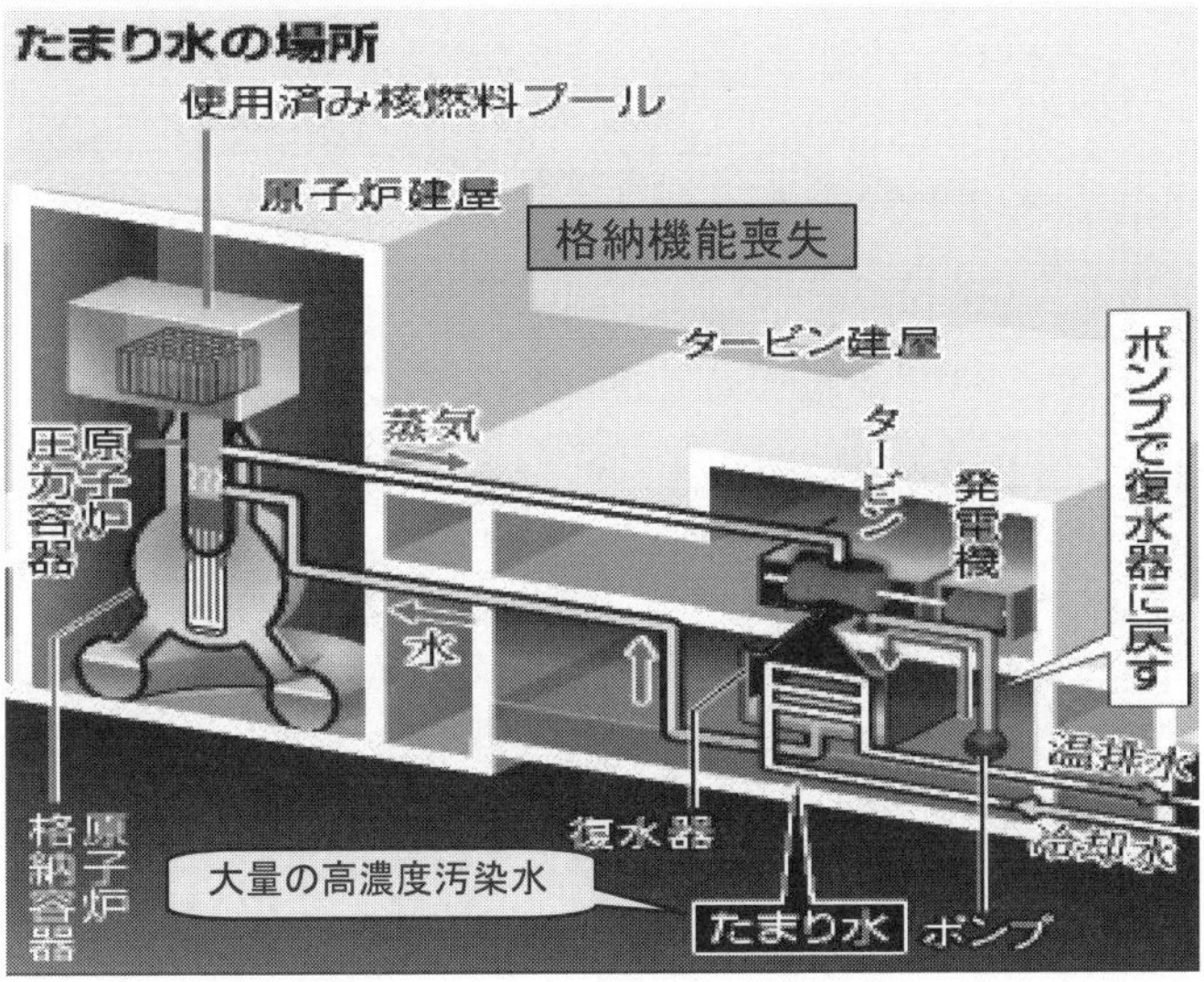

下で作業員が被曝しています。許容限度を超えた一八〇ミリシーベルトという高線量で被曝していますが、そういうことからも分かるわけです。この漏れ出たことで、さらに収束に必要な作業の阻害をもたらしてもいます。

それから、高濃度の放射性ヨウ素を含んだ水が海へ流出しているということ。二号機の排出口から高濃度のヨウ素131が海へ流入して、沖合いでもヨウ素131とセシウム137が検出されています。さらにそれは、茨城県北部沿岸でこうなごの汚染となって観測されています。四月五日、一キログラムあたり五二六ベクレルという値がこうなごに検出されています。さらに四月二十日、福島県のこうなごが出荷・摂取禁止になっています。高濃度の汚染水がどんどん出ているという結果になっています。

図1—9を見てください。原子炉建屋とタービン建屋とがあって、このタービン建屋の地下で作業員が高濃度の汚染水に被曝しました（三月二十四日）。ということは、原子炉建屋の方から、どこを通ったかはわからないけれども、タービン建屋の方へ水がじゃんじゃん漏れているというこ

とが事実なわけです。もうこれらの各号機の地下は汚染水で水没していると言われています。

不測の事態は起こるか

今後、〝不測の事態〟は起こるのでしょうか。不測の事態というのは、先ほど言いましたように、①メルトダウンによって格納容器の底を抜けるということが起こるか。

それから、②格納容器内での水素爆発が起こるか。これを起こさないために、今一生懸命窒素を入れているけれども、今まであった窒素が抜けていると同時に、酸素がもうかなり入っている可能性があります。酸素と水素の爆発を防ぐために窒素をどんどん入れているんですが、どこかに漏れがあるのか、あるところで、窒素がもう入らない、ということになっているらしい。これからどうなるかわからないんですが――ということは、まだ格納容器内での爆発の可能性はある、ということです。窒素を入れ続けなければならないという事態が、ここで起こってしまう。水を入れ続けなければいけないし、窒素も入れ続けなければならない。もし爆発すると、さらなる放射性物質が外へ出るということになります。

それから③臨界事故。これは、核分裂がある条件下で再開する可能性がなきにしもあらずではないか、ということです。

また、④燃料プールでも、水素爆発が起こるかもしれません。この可能性もまだありま す。このあいだは、燃料プールの水の温度を測ってみたら九〇℃だったということもありました。

事故は収束するか

では、事故は収束するのか。本当は「いつ」収束するかと書いたんですが、待てよ、果たして収束するのかと。それで「収束するか」と書き直しました。冷却材の循環システムが回復しない限り、収束はしません。しかし、この循環システムはおそらく回復しません。そうしますと、放射能に汚染された水蒸気、および水は今後も生産され続けるわけです。

外部電源が来たという報道がされ、よかった、と思ってしまいがちなんですが、だからといって冷却水の循環システムが回復するわけではありません。ポンプが必要ですし、途中に配管の割れなんかがあれば、もちろん水は回りません。それから、圧力容器の底が抜けている、と私は見ておりまして、そうすると回りません。しかし、こうした割れや、圧力容器の底抜けの穴が小さいものであれば、漏れつつも多少は、一部の水が循環する可能性はあります。

蒸発量の推定

さて、水がいったいどれくらい蒸発するかということを計算してみました。これは、原子炉内の燃料の崩壊熱による蒸発量のことです。四〇日後の崩壊熱は、熱出力の〇・一八％です。一号炉の電気出力は四六万キロワット、二号炉、三号炉は七八・四万キロワットです。そうすると、崩壊熱は、一号炉では二四〇〇キロワットになり、二、三号炉では四〇〇〇キロワットになります。これらを冷やすのに必要な水の量を計算すると、一号炉では三・一トン、二、三号炉では五・一トン、それぞれ毎時必要になります。つまり、合計すると、一～三号機の合計で、毎時一三・三トン、一日に三二〇トンの水が蒸発することになります。一時間に一三・三トンというのは、風呂桶三〇杯分ぐらいでしょうか。それぐらいが一時間で蒸発するという計算です。お湯を沸騰させるだけではなくて蒸発させるんですよ。それを、冷やしつづけなければならないということになっています。

それからまた、使用済み燃料のプールがあります。このプールでは、推定発熱量が二八〇〇キロワットです。必要な水の量は毎時三・六トン、一日に八六トンという計算になります。ですから、合計すると一日に約四〇〇トンということです。

生産される汚染水の量

現在の実際の注入量は、一日におよそ一二〇〇トンです。四〇〇トンぎりぎりだと心配だとか、うまく入らないなどいろいろありますから、多くなるのは当然だとは思うんですが……。すると、四〇〇トンとの差の八〇〇トンが、汚染水になるという計算になります。毎日、これだけの汚染水が生産されているんです。

現時点でどれくらいの汚染水があるかというと、発表によると一号機から三号機に約七万トンあって、四号機の地下にさらに五メートルくらい溜まっているというんですね。注水量だけでは計算が合わないので、おそらく津波による海水流入が半ば以上を占めていて、今回の量になっているだろうと推定されます。

これを、集中廃棄物処理施設に移送して処理しようというわけなんですが、このままでは追いつかないですね。一時間に一〇トンしか送れないというんですから。このままどんどんあふれてどうなるのかという心配があります。

熔けた燃料棒はどうなるか

熔けた燃料棒はもうぐちゃぐちゃになっていて、取り出して処理するなんていうことはできません。どこかに持っていって処理することはできない。

「水棺桶」という話があります。格納容器の穴をふさいで水をはって、棺桶にして閉じこめようというわけですけれども、格納容器の技術者に聞きますと、あそこに水をはってしまうと、それですごい重さになって、地震がきたら壊れてしまうのではないかという心配があるというんです。それに格納容器はひびだらけなのではないでしょうか。「水棺桶」はできないのではないか。

チェルノブィリは、コンクリートの棺桶を作ったんですが、二五年経って、現在はもうぼろぼろです。上にまた何かかぶせるというんですが、そのお金がないということで……。チェルノブィリは今年で二五周年ですが、周りの人たちの避難がまだ続いていて、あらゆる意味で、事故は終わっていません。福島も、二五年経ってどうなるか……というスケールでものを考えないといけない。

Ⅲ　放射能汚染

大気、食べ物・水の汚染

気になる放射能汚染についてお話ししましょう。大気の汚染、食べ物や水の汚染というお話です。

まず、われわれが考えなくてはいけないことは、福島県が非常に危機的な汚染状況だということです。これをお話ししなくてはいけません。既に三〇キロ圏外で、高い被曝のおそれが生じています。圏外の飯舘村では、すでに累積線量で二三ミリシーベルトを記録しています。「計画避難地域」とかいう曖昧な名前ですが、もちろん避難ということにはなっています。それから、その外にある福島市（六三キロ）でも、三ミリシーベルトを超えています。これらの値は、福島県が発表しているもので、積算したものです（累積被曝線量）。このままゆくと、年間二〇ミリシーベルトという限度を超えてしまいます。福島市は、人口三〇万弱でしょうか、これだけの人々が、これだけの汚染にさらされているということ

図1—10　福島第一原発敷地周辺の空間線量率とおもな出来事

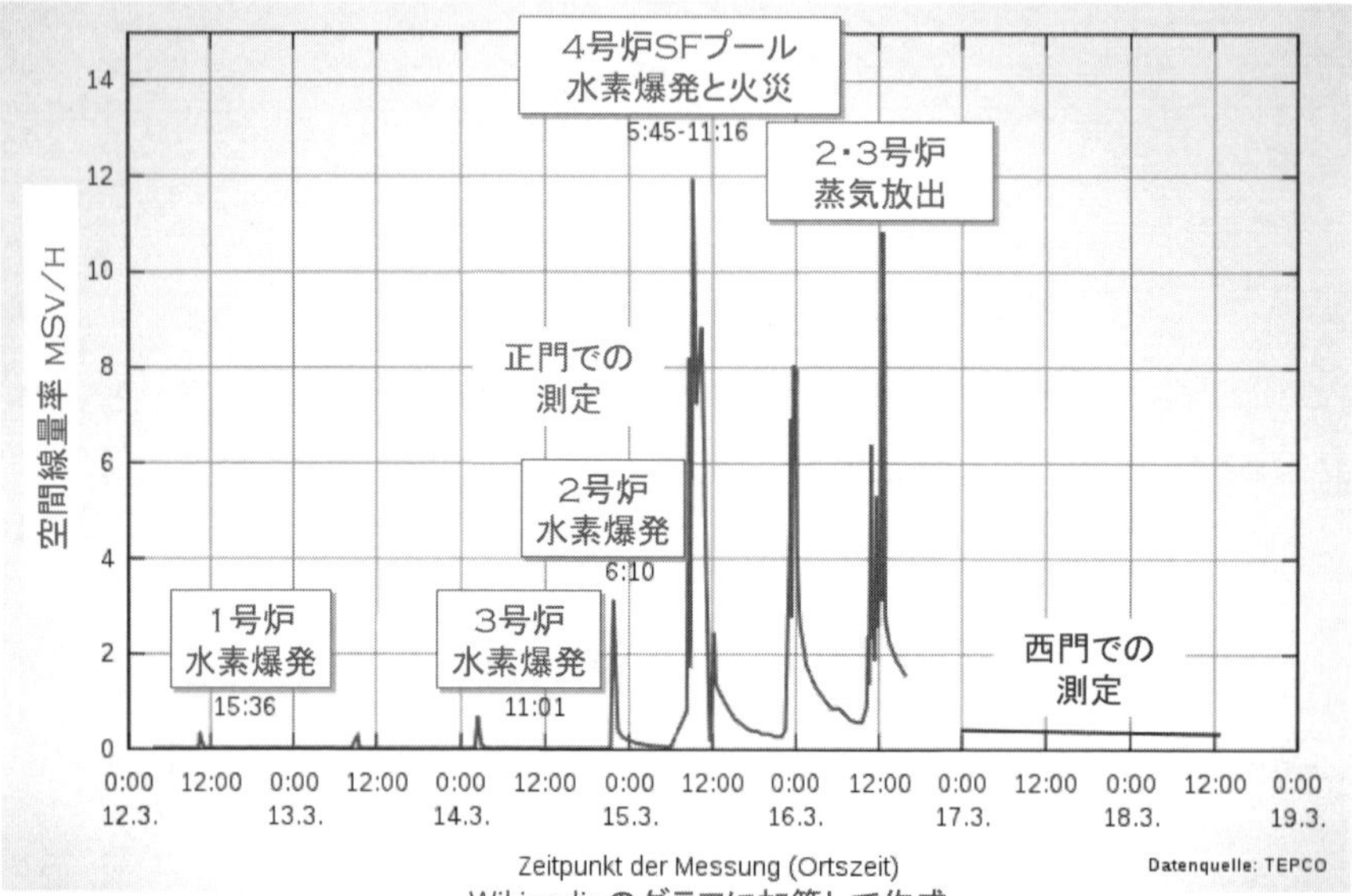

Wikipediaのグラフに加筆して作成

です。ところが、我が家でとっている『毎日新聞』で文科省が出している値を見ると、〇・五などという数字になっています。これは、最初の事故の時の数字を抜きにして発表しているという、非常におかしなことをやっているんです。直接の測定値がなくても、周辺の値から推定して加算しなければいけない。

図1—10は、爆発やベント（放出）があるたびに線量が上がるということを示した図です。これは、見ていただければ一目瞭然です。

図1—11は、福島第一原発周辺のモニタリングの結果の一例で、三月二十四日現在の図です。

図1—12は、SPEEDI（緊急時迅速放射能影響予測）による、甲状腺被曝の予測評価です。これは、文科省が、こういう時の汚染の状況を把握するためにコンピューターシステムを年間予算二八億円くらいかけて作ってあるんですが、これがやっと三月二十四日になって、結果が公表されたんです。SPEEDI（ス

図1—11　福島第一原発周辺のモニタリング結果

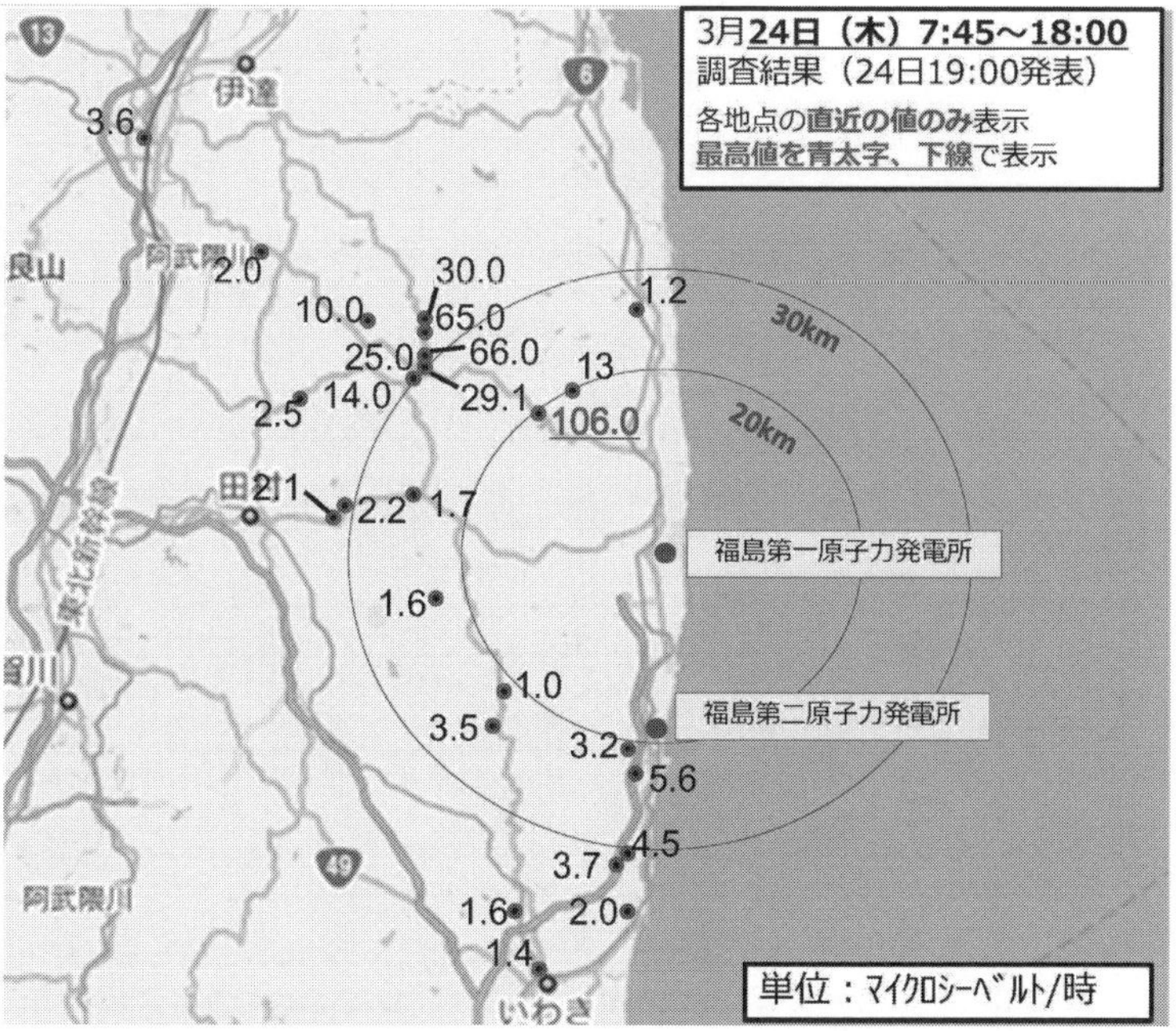

（首相官邸ホームページより http://www.kantei.go.jp/saigai/monitoring/index.html）

図1—12　SPEEDIによる小児（甲状腺）被曝予測
——3月24日になってようやく公表

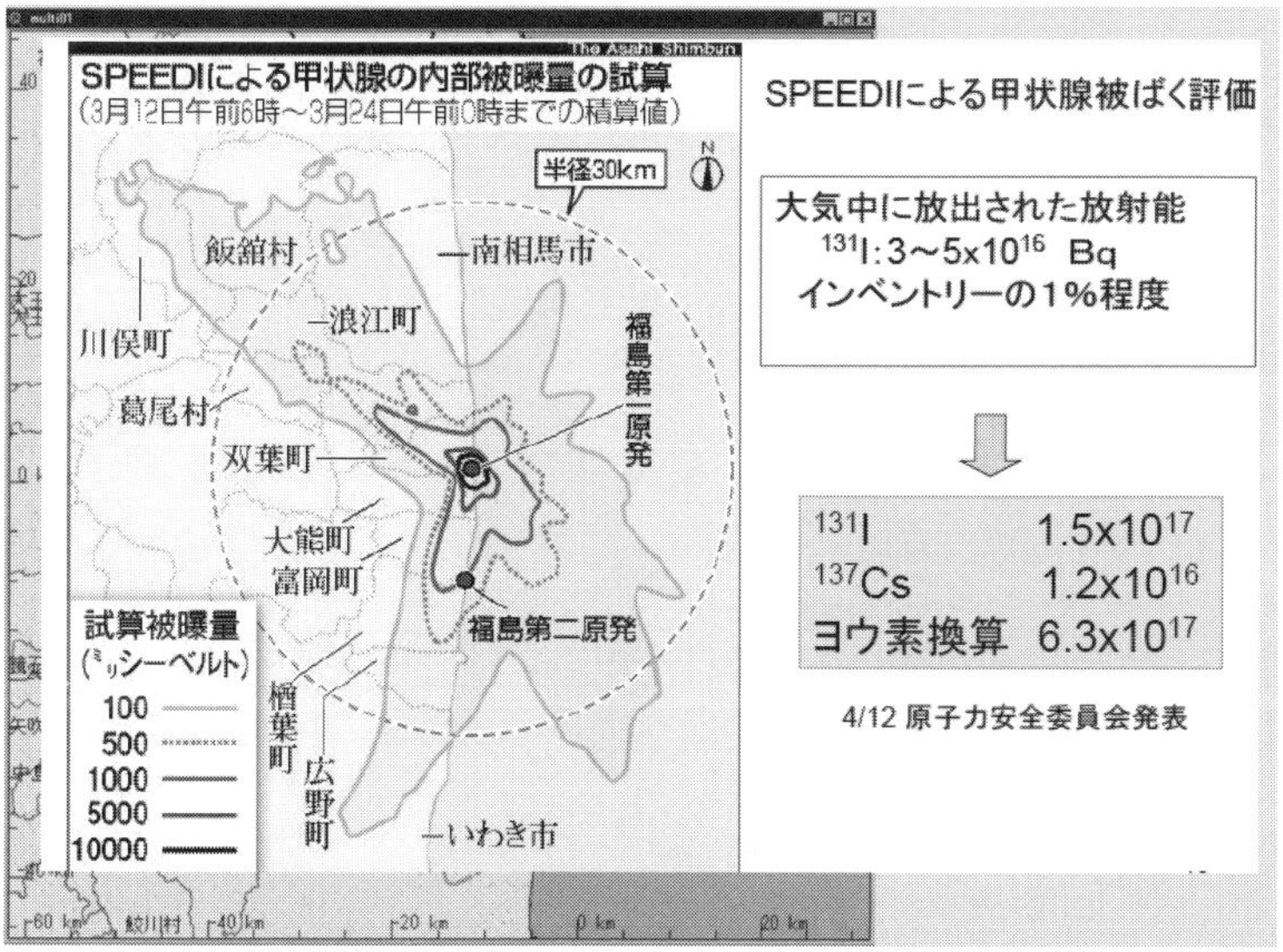

（原子力安全委員会資料より http://www.nsc.go.jp/info/110323_top_siryo.pdf）

ピーディ）という名前が、いかにも皮肉ですね。これを見ますと、浪江町、飯舘村の方向に非常にたくさんの放射能が流れていることがわかります。これは非常に高いレベルです。これは現在の風向きによりまして、北西に向かって風が吹いているわけですからこういうふうになります。今後、〝やませ〟、北東の風が吹いてくると、東京などの首都圏、南の方に広がってくるという可能性があります。

このＳＰＥＥＤＩによる甲状腺の被曝評価では、放出された放射能が３〜５×10^{16}ベクレルと書いてあります。この10^{16}ベクレルという数字は、これを超えると、もうレベル７であるという数字です。ところが、レベル７ということが発表されたのは、四月十一日です。三月二十四日の時点でこれだけ放出されているというのが分かっていたのに、発表が遅れたわけです。

このような大気の汚染がちりとなって降り積もって、食べ物や飲料水が汚染されていく。福島県、茨城県の作物など（牛乳、ホウレン草、京菜など）で、食品衛生法の暫定基準値を超える汚染が検出されています。また先ほど申し上げたように、水の汚染によって茨城県北部や福島県沿岸のこうなごが基準値を超えています。

単位の話――〝ベクレル〟と〝シーベルト〟

食品の放射能汚染は〝ベクレル〟で示します。それに対して、われわれがどれだけ浴びたかというのは〝シーベルト〟で表します。ベクレルとシーベルトについては後で瀬川さんがお話しくださると思いますが、簡単にご説明します。

〝ベクレル（Bq）〟というのは、放射能の強さを表す単位です。毎秒一カウントの放射線を出す物質を、一ベクレルと言います。

〝シーベルト（Sv）〟というのは、人体（物質）が受ける放射線の線量を表します。光で例えれば、ベクレルが電球の明るさですね。その電球の光を出す量がベクレル。シーベルトは、その電球の光をどれぐらい自分が受けているか――明るいとか暗いとか――、それがシーベルトです。そういう関係です。放射線源の強さがベクレルで、その放射線を受けた量がどれくらいかというのが、シーベルト。

さらに〝グレイ（Gy）〟というのがあって、人体（物質）の一キログラム当たり、放射線から吸収したエネルギーが一ジュールの時に、一グレイと言います。ガンマ線の場合では、一シーベルトが一グレイです。ややこしいんですが、放射線の種類によってこれはいろいろです。

〝エネルギーを受ける〟というわけですけれども、光と放射線ではエネルギーの大きさが違います。光が粒だということは多分どこかで御存じだと思いますが、一エレクトロンボルトぐらいの光の粒で来るわけですね。ところが放射線の粒のエネルギーは、一メガエレクトロンボルトとかですから、光の粒の一〇万倍とか一〇〇万倍の強さでドスンと来るわけです。ですから、同じエネルギーを体内に入れるにしても、放射線のエネルギーを受け入れると、人体ははるかに強いダメージを受けるわけです。

放射線被曝の法定限度――「年間一ミリシーベルト」を厳守

どれぐらい被曝していいのかという〝法定限度〟があって、ICRP（国際放射線防護委員会）が定めた二〇〇七年の勧告では、「計画被曝状況」として、公衆被曝限度が年間一ミリシーベルト。職業被曝限度は五年間で一〇〇ミリシーベルト、ただし、どの年も五〇ミリシーベルトを超えてはならない、とされています。

この「計画被曝状況」という言葉、違和感がありませんか？　〝計画している〟〝計画的に被曝する〟というわけです。被曝を計画している――どういうことかというと、原子力発電をつくれば被曝はやむを得ないですよ、周りにも出るし、労働者は被曝を受ける、計画的に被曝を受けます、それをこの限度にしなさい――そういう発想なんですね。被曝ゼロが望ましいが、そうはできない。被曝は避けられない。原子力発電、それから核開発の中で、その作業労働者が被曝するという状況においては、こうしなさいということですね。

それから「緊急時被曝状況」というのがあって、これは計画していない状況のことです。中で働く人の場合、五年で二五〇ミリシーベルトまではいいんだということを、経産省は出しています。大変な被曝をさせようとしているわけです。「計画被曝状況では公衆被曝限度が年間一ミリ」と言っていたのを、非常時には、二〇ミリシーベルトまでは許容する、と。「非常時避難参考レベル」を「一～二〇ミリシーベルト」としています。二〇ミリを超えたら、必ず避難しなさい、ここに居住することは国際的には許されない、ということになります。この最大限度が二〇ミリシーベルトです。これが先ほどの、飯舘村とかあのあたりの、いま政府が避難勧告を出すとか出さないとか言っている地域、その基準はこの参考レベルの「緊急時被曝状況」の二〇ミリシーベルトから来ているんです。

食品の暫定規制値

食品の規制値の話をします。食品そのものがどれぐらい放射能を持っているかということですから、単位はベクレルです。

ヨウ素131については、一キログラム当たり、水・牛乳は三〇〇ベクレル、野菜は二〇〇〇ベクレル、これが規制値の上限です。

セシウム137と134については、一キログラム当たり、水・牛乳は二〇〇ベクレル、野菜・穀物・肉・魚は五〇〇ベクレル、これが上限です。こういう規定があるわけです。

これらの数値は、原子力安全委員会が「防災指針」(正確には「原子力施設等の防災対策」)として、二〇〇〇年五月に決めたのですが、福島事故の後でその値を「暫定規制値」として適用したわけです。

この数値はどうやって求めているかというと、一年間の積算被曝線量を、ヨウ素の甲状腺被曝線量が五〇ミリシーベルト以下、セシウムの全身被曝線量が五ミリシーベルト以下になるように、食品や水の摂取量で日割りして、上限を定めてあります。

その摂取量は、「平均的な日本人の食事」を想定して決めます。そういう標準的食事を一年間続けたときに、例えばセシウムなら全身被曝量が五ミリシーベルト以下になるように、決めていることになります。一年間食べ続けて、というわけですから、枝野官房長官が言うように「食べても直ちに健康に被害がありません」というのは、それはそうであるわけですね。今日、明日と食べても大丈夫、ただし、一年間食べつづけると五ミリシーベルト浴びますよ、という値ですから。

生活クラブ生協の見解

ところで、生活クラブ生協の見解が、数日前、家に届きました。生活クラブ生協の方針は、「国の暫定基準」で運用すると書いてありました。生活クラブ生協は、チェルノブイリ事故の時は、国の基準の一〇分の一の自主基準を設けたわけです。しかし、その基準を適用すると、原発事故被災地域の提携生産者との〝絆(きずな)〟を失うことになる。したがって、今回は国の暫定基準で運用するが、自主検査を実施する。そして、国は暫定基準を緩和せず、納得できる基準にせよ、とこういう見解を出しました。そして、組合員への問題提起として、判断する主体になる、被災の復興に努力する、脱原発に向けた運動を強める、という三つを出しています。議論があるところでしょうけれども、私はこの考えをおおむね支持します。

放射能はどれぐらい危険か

ＩＣＲＰが二〇〇七年勧告で被曝許容限度を決めるさい、基準とした見積もりは、「一シーベルトの放射線を浴びたとき、約五％のがん死者が出る」という推定です。がんになる人が一〇％（その半数が死ぬ）と言ってもよいでしょう。そういうことが、国際的に言われているわけですね。ということは、一シーベルト浴びると、二〇人に一人はがんで死ぬ、というわけです。それから、職業被曝として、例えば今、福島原発の現場に行って作業する人が、一〇〇ミリシーベルトの量を浴びるとしますね。一シーベルトの一〇分の一ですから、その浴びた作業員のうち二〇〇人に一人は、その作業によってがんで死ぬという計算になるわけです。これは、実に危険な労働であると言わねばなりません。

ＩＣＲＰは、「がんにならないという閾値（しきいち）はなく、どんなに低線量でも比例してがんになるリスクがある」という考えに現在は立つようになりました。ある程度以下は大丈夫だよ、ということは〝ない〟ということですね。

今、政府は二〇ミリシーベルト以上の地域は避難しなさいということを言っています。二〇ミリシーベルトという数字は、一〇〇〇人に一人はがんで死ぬ、そこに居住するだけでがんで死ぬ、ということになるわけです。さらには、子供のリスクは五倍、乳幼児は九倍という説もあります。そうなると当然妊婦もリスクが高くなります。これは、もう大変なリスクです。原発の工場内で子供たちを生活させるようなものです。

一〇〇〇人に一人というのを、少ないと考えるかどうか。子供はさらにその数倍、そこに住むだけで、将来がんになるというんですよ。例えば、この飛行機は一〇〇〇分の一の確率で落ちますよと言ったとき、乗るかというのと同じわけですね。乗りますか？　乗らないですよね。そこに居住するということは、それと同じことを要求されたということになります。ですから、放射能については、もうそういう事態になったということです。

先ほども申し上げたように、公衆被曝限度は年間一ミリシーベルト。これを超えると要注意である。すなわち、計算しますと、一時間あたり〇・一一マイクロシーベルトを超えるかどうか、超えると要注意、というものです。ところが、福島県の学校では、今、三・八マイクロシーベルトまでは大丈夫、としているんですから、驚くべきことです。

被曝労働が横行している

先ほども申し上げたように、緊急時被曝限度として、経産省は一〇〇ミリシーベルトから二五〇ミリシーベルトへと、特例措置として引き上げました。

厚労省の方は、通常規則は有効で、今回の作業で一〇〇ミリシーベルトを超えた場合、五年間は放射線業務をさせないという方向で指導する、としています。これは当然のことだと思うんですが、ところが、財団法人放射線影響協会というところは、「放射線手帳」「被曝手帳」というもので管理しているんですが、そこは、「二五〇ミリシーベルトを浴びた労働者に通常規則を当てはめると就業の機会を奪う。別扱いで管理する」――こういうことを言うんですね。

しかし、健康のために決めているものを、別扱いも何もないと思うんですね。現場では、こういうことを受けてどういうことになるかというと、「今回浴びた線量は手帳に載らないから気にするな。二五〇ミリシーベルト浴びても、翌月、柏崎刈羽で働ける」――と、こういう指導をしているということが、『毎日新聞』に載りました。被曝労働がこういう大変なことになっています。

子供が被曝させられる

いま、避難指示区域が半径二〇キロメートル圏内、それから計画的避難区域が、二〇キロメートルの圏外である飯舘村、葛尾村などです。ここでも、累積線量は二〇ミリシーベルトを超えています。それ以外の福島市、郡山市、いわき市などの大都市でも、年間二〇

〜一〇ミリシーベルトを超えるだろうと思います。これは、原発から仮に放射性物質が出なくなっても、ちりなどに付着して空気中や土の上にたまっているものがあって、セシウムなどは三〇年間出しつづけるわけです。ほこりがある限り浴びつづけるわけです。ですから、この値が急に落ちるとは思えません。

福島県は授業を再開したわけですが、毎時三・八マイクロシーベルト以下で開校を決める、としました。代谷（しろや）安全委員は、一時は子供は半分の一〇ミリシーベルトにすべきだと発言したのですが、後でそれは実は個人的見解だという形でお茶をにごしました。それでとにかく、原子力安全委員会は、子供でも誰でも二〇ミリシーベルトだというわけです。しかしやはり子供は、学童疎開をさせるとかいう形をきちんととらなければいけないと思います。

Ⅳ　事故の責任と今後考えるべきこと——福島原発事故は人災

最後に、福島原発事故は人災であるということを言いたいと思います。なぜ、こうなってしまったのか。

安全審査のお粗末

まず、安全審査のお粗末。先ほど言ったことですが、三年半前に起こった柏崎刈羽原発のときの経験、教訓が十分に活かされなかった。

「工学的判断」というものがあるらしいんですね。僕は工学をやってきたので、この言葉を聞くとぎょっとするんですけれども、「工学的判断」ということで原発推進派の方々がおっしゃるのはどういうことかというと、「〝めったに起こらないと判断された事象〟は、〝想定外〟として無視する」「そうでもしないとものは作れない」ということなんですよね。非常に確率が小さいと想定したものは無視する。その確率計算というのは、これが起こる確率が一〇〇〇分の一ですよ、こちらの方は起こる確率が一〇〇〇分の一ですよ、そうすると、掛けると一〇〇万分の一になりますよ、と、そういう計算をして、何重にも防護しているからこれはめったに起こらない、とするわけです。大ざっぱに言うとそういうことで、めったに起こらないと判断したものは、「想定外」。しかし、この、めったに起こらない、とされたことが、今回起こってしまったということですね。

津波は想定外か?

さて、今回の津波は想定外か。この度の地震はマグニチュード九・〇です。しかし、スマトラ沖地震・大津波はマグニチュード九・一で、これを二〇〇四年十二月にすでに経験しているわけです。そういう規模の津波を考えなかった。想定外とは、これは言えません。想定できたはずです。

それから、福島原発で想定されている津波の高さは低すぎるという申し入れを、二〇〇五年には市民団体が行っているけれども、取り上げられなかった、無視されたということがあります。

さらに、貞観（じょうがん）大津波というのが西暦八六九年七月にあって、この解析を最近したところ、これは非常に大きい津波だったということがわかってきました。このことは、二〇〇九年六月のバックチェック（耐震安全性再評価）の審議の途中で、委員から指摘があったんですが、それがそのままになってしまった。そういうことで、決して津波は想定外ではなかったと言えます。

耐震安全性は十分だったか？

津波は想定できなかったけれども、他は大丈夫でした、だから津波だけ防護しましょう、津波対策をして原発を続けましょうというのが、原発をさらに続けようとしている人たちの主張です。では、その他の安全性はどうだったのか、耐震安全性はどうだったのか。

福島第一原発の建屋での揺れの評価が、二・三・五号機で基準地震動Ssに対する応答加速値を超えました。つまり、四月一日に東京電力が出した地震動のデータですと、今回の地震では、〃これ以上の地震はない〃ということで設定されている基準地震動を超えた揺れが出ているわけです。

それから地震によって外部電源を喪失したのに加え、二号機のサプレッションチェンバーや、一号機の再循環系や蒸気系配管、四号機の使用済み燃料プール……などなどの破損が起こっていると考えられるわけで、耐震安全性も十分ではない。

それから、いまも続く余震で、女川(おながわ)や、六ヶ所の再処理工場……福島原発以外の東北の原発に、さまざまなトラブルが起こっています。非常に脆弱だということがわかります。

地震動を原因にしたくない?

しかし、四月二十一日の『毎日新聞』の朝刊に、「地震動　事故原因ではない」という記事が出ています。

「原子力安全委員会の小山田修委員が福島第一原発を訪れ、二十日に記者会見……所長らに聞き取り調査をおこなった結果、『地震動で根本的に大きな問題が生じたのではない』と述べ、津波が事故の原因であるとの見解を改めて示した。委員の視察は事故後初めて。……小山田委員は震災後一ヶ月以上経った十七日に国の現地対策本部に派遣された」。

終わりの文は、記者の皮肉でしょう。

事故対応のお粗末

それから、事故対応を見てみます。一号機の水素爆発を予見できずに、気づかないうちに爆発してしまったということがまずあります。さらに今度は、爆発を起こした一号機を見て、三号機の水素爆発を予見したわけですね。ところが予見しながら、周りの人に避難勧告を全く出さなかったわけです。その結果、爆発時に放射能レベルがぐっと上がって、周囲の相当の住民が被曝をしました。

また、二号機の建屋地下での作業員の高線量被曝は、そういう汚染された水が出ていることが分かっていながら作業員に作業をさせて、高い線量の被曝を起こしてしまった。

それからさらに汚染水の始末が遅れた。これも、あれだけ水をかければどれだけ汚染水が発生するか、分かっていたはずですが、対応が遅れて、間に合わなくて、貯めてあった低レベルの放射性物質を海へ放流するということを、やってしまったわけです。あの時には、米軍のバージ艦船が、真水を注入するのに、ちょうど来ていたわけです。今でも、まだいます。その船に、真水をもらった、かわりに汚染水を入れて返せばよかったわけですよ。そういうことを、今でもまだしていません。その事情はわかりません。米軍が拒否しているのかもしれません。今でも、私は入れるべきだと思っています。せっかく「トモダチ作戦」とか言って来ているんですから……どの程度のおトモダチか、これで分かるわけです。

原子力安全委員会の事故対応のお粗末

それから、原子力安全委員会の事故対応。斑目春樹委員長が、陣頭指揮を全く執らない。一度だけ菅直人首相と一緒に行って、戻ってきただけです。

この委員会の中には、あえて名前を出しますが、小山田修という、元日立の原発設計技術者が、安全委員としているわけです。この人は、原発を非常によく知っているはずですよ。ですから、安全委員としてきちんと現場で指揮をとるべきだったと思います。いろいろなサゼスチョンを、現場の人たちにできる立場にあったんですけれども、それをやったという話は聞いていません。

一九九九年にＪＣＯの臨界事故がありましたが、このときは住田健二安全委員が、現場で指揮を執りました。臨界をどう止めるか、どれだけの放射線が発生しているから、作業員をどのように配置して、被曝を防ぎながらどういう作業をやるかということで、いろいろ現場で指揮を執られました。それに比べても、今回の安全委員会は非常にお粗末だった。

それから、放射線の被曝線量など、住民の安全にかかわる情報開示が遅すぎる。三号機の爆発のときにも、住民のことを忘れているわけですよ。安全委員会というのは、国民の安全を守る委員会のはずですよね。東電の安全を守っているわけではないんですから。

事故解説のお粗末

事故解説もお粗末。どうも学者の悪口をすぐ言いたくなってしまうんですけれども、NHKで解説をしている関村直人氏（東大教授）は、柏崎刈羽原発の設備健全性評価（WG）でも主査を務めて、それから多くの委員会で「活躍」されているわけですが、絶対安全だと審査したことについて、一言ぐらいお詫びを言ってから解説すべきだと思います。それもなしに解説して、しかも「大したことにはなりません」と言い続けて、翌日にはそれがひっくり返る、そういうことをずっとやってきたわけです。安全性評価を間違ったことの責任を、謝罪してから解説をしてくれと言いたい。事故解説のお粗末です。

産官学のもたれ合い構造

これらの根本には、産官学のもたれ合いというか、癒着というか、利権構造というか、そういうものがあります。

まず、東京電力の安全性評価というのは、原発がアウトにならないように操作した評価、「アワスメント」です。

しかし、そういうものであるとして、原子力安全・保安院の委員会（経産省）があるんですから、そこは自分で独自に調査をしなければいけないはずですね。だけれどもそれをしないで、東電の報告書を読んであれこれいろんな意見を言って、オーケーだという報告を書くんです。その報告書は非常に厚いんですけれども、九割ぐらいが東電の報告書どおりのことを書いて、それで結構ですというのが後にくっつくという、そういう評価なんです。受け売りです。原子力安全委員会（内閣府）は、さらにそれを追認するだけです。

こういうお粗末な構造です。これからもっと厳しくやりますと言っていますけど、この構造をぶち壊さないと、本当の安全評価はできません。

原子力は最悪のエネルギー

本当の安全性評価をやれば、原子力発電はだめだという結論になるのは間違いない、と私は思っています。原子力は、最悪のエネルギーです。

なぜかというと、事故の危険性が大きい。それから、先ほどの計画被曝ということがありましたように、放射線被曝と被曝労働、これをゼロにすることができません。

それから、廃棄物処理が無理だということ。崩壊熱は、一年、二年たっても〇カンマ数%あります。千年たっても、まだ残るんです。これは放射線です。計画では、千年後まで管理して、その後は……ということですが、千年後まで管理できるか。地層処分をやるわけですけれども、死の灰をガラス固化体につっこんで、その周りを鉄でパックします。ところが、その鉄が腐食されないで千年もつのかどうかということを、二、三年の実験を外挿して、もつ、とやっているわけです。しかも、昔の法隆寺の千年もった釘が錆びないで出てきたと、そういうことを例に挙げるんですよ。でも、これはたまたま錆びないのがあっただけで、錆びた釘は、ないわけですから。そういうことは、何の証拠にもならない。そういうことを、やろうというのが、この廃棄物処理なわけです。

これからの技術のあり方は〝脱原子力〟が前提

これからの技術のあり方として、エネルギーのあり方がどうか、ということです。いろいろな計画が立てられるわけですが、これは、〝脱原子力〟を前提に構成しなければならない。その上に立って、都市の電力消費低減、遠距離輸送や自動車中心の交通システムから脱却する、ということをしていかなければいけない。交通は、やはりバスなどの地域の交通、生活に根ざした技術を原点として、考えていかなければいけない。それからまた、原発とセットになっている核兵器の廃絶が大事だろうと思います。

これから我々が、自然エネルギーを中心にやっていくにしても、どういう社会システムにするかを考えないと、そのエネルギーでやっていけるのか分からない。エネルギーだけでなく、他の技術システム全体をきちんと組み直すことをしないと、脱原発、再生エネルギー中心の技術はつくっていけません。

その見取り図（『徹底検証　21世紀の全技術』藤原書店、二〇一〇年参照）は一応あるんですが、それをどうやって実現していくかはこれからの課題で、それらはぜひ我々技術や科学の専門家だけでなくて、文系の方々、それから何よりも一般の市民の考え方、そういうものをベースにしてやっていかなければいけないのではないかと思います。

取り返しのつかない大地・海の汚染——何をなすべきか

最後に、もう取り返しのつかない大地や海の汚染を起こしてしまったということです。何をすべきかということですが、まずは、サイトからの放射能放出を少しでも減らす方策を考えなくてはなりません。

それから、働いている現場の人、さらに地元の人たちの危険を少しでも減らすための活動です。支援、あるいは連帯ということを考えなくてはなりません。それから、東京電力や原発推進者たちの責任を徹底的に追及し、危ない原発から順に廃炉にする運動をおこなっていきたいと思っています。

＊二〇一一年四月十六日　於・明治大学駿河台キャンパス／二〇一一年四月二十六日　於・町田市民フォーラム、をもとに再構成

第2章

福島原発で何が起こったのか

——原発設計技術者の視点から——

後藤政志

Ⅰ　震災と原発

原子炉の構造

私は、もともと東芝で原子力プラント、特に原子炉格納容器（以下格納容器と表記）の設計を担当しておりました。しかし、福島に関しましては直接は設計しておりません。私が関係しましたのは、柏崎、女川、浜岡などです。

二〇一一年三月十一日一四時四六分に発生した、マグニチュード九・〇の東北地方太平洋沖地震、そして津波によって、福島第一原子力発電所が被災しました。福島原発を襲った津波の高さは一四メートルと言われ、今回の事故は「想定外」というわけですが、さて、どうなのかというお話です。

技術的なお話を少しだけします。福島第一原発には一号機から六号機まであります。それぞれの格納容器には型式があります。一～五号機がＭａｒｋ―Ⅰ、六号機だけがＭａｒｋ―Ⅱです。

原子力プラントがどのようになっているか、簡単にご説明します。**図2―1**を見てください。建物は、大きく二つに分かれます。背の高い原子炉建屋、それより低いタービン建屋です。タービン建屋の方が大きいので、タービン建屋の方が一見本体に見えるのですが……。先ほど井野先生から話があったように、こちらの原子炉建屋にある原子炉圧力容器の中で蒸気を起こして、タービンを回して発電しています。

図2―2にうつりましょう。核燃料は、ある量を集めただけで、そのまま核反応を起こします。この連鎖反応を止めるために、下から制御棒を差し込みます。逆に、差し込んだ制御棒をすっと落としていくと、また反応が始まります。運転しているか、していないかというのはそういう関係です。

何メートルもある大きな圧力容器があって、この上の蓋はとれるようになっています。その外側にさらに格納容器があるということですね。ウエットウェルというのは、水が入っています。この格納容器に、放射性物質や蒸気やガス、すべてを閉じこめる、というわけです。

格納容器の設計条件――「事故条件」

私はこの格納容器の設計をやっていたんですが、格納容器の設計条件は、〝事故条件〟です。――何を言っているのか、わかりますか？　格納容器の中で事故が起こる、配管が

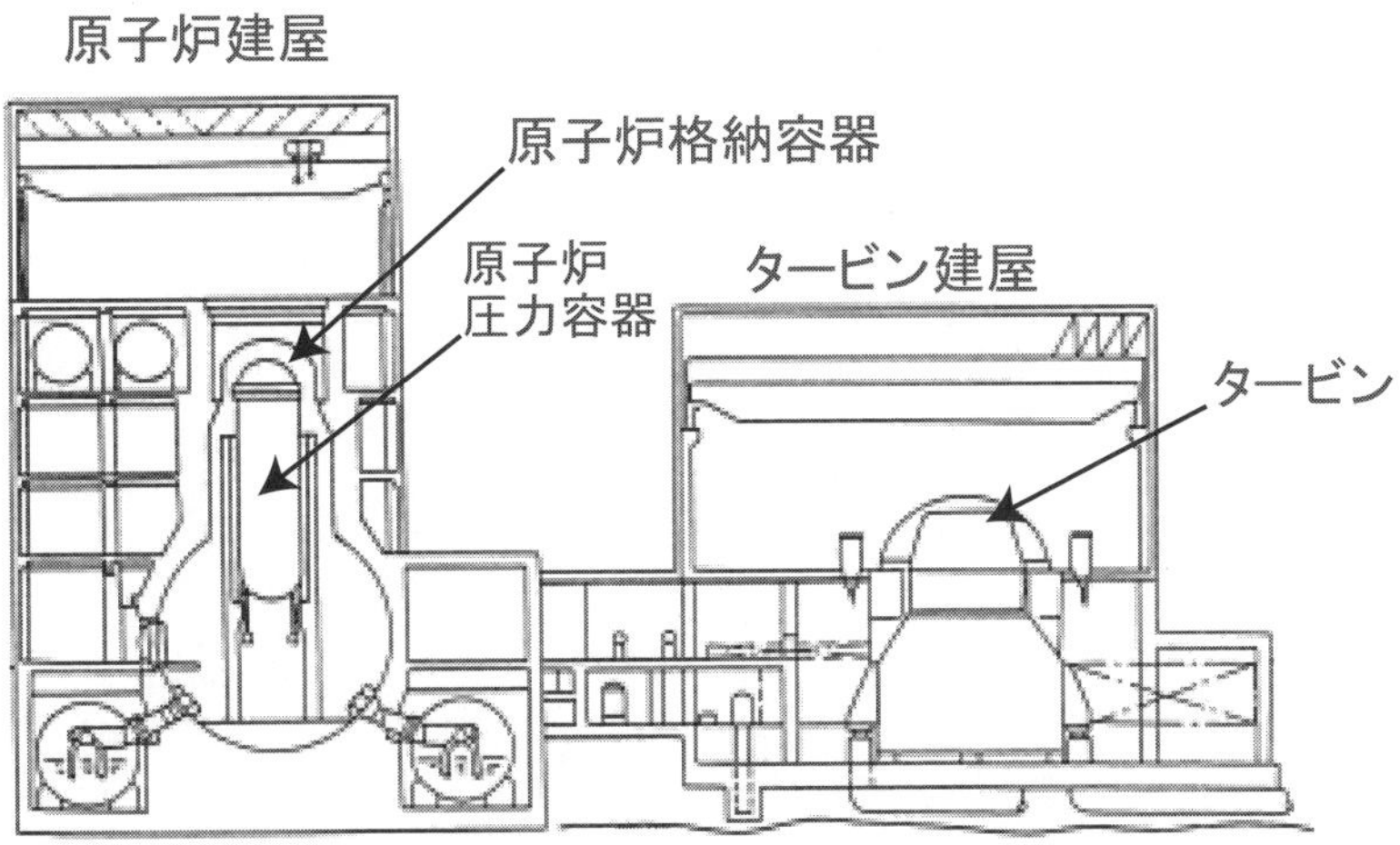

図 2―1　原子力プラント

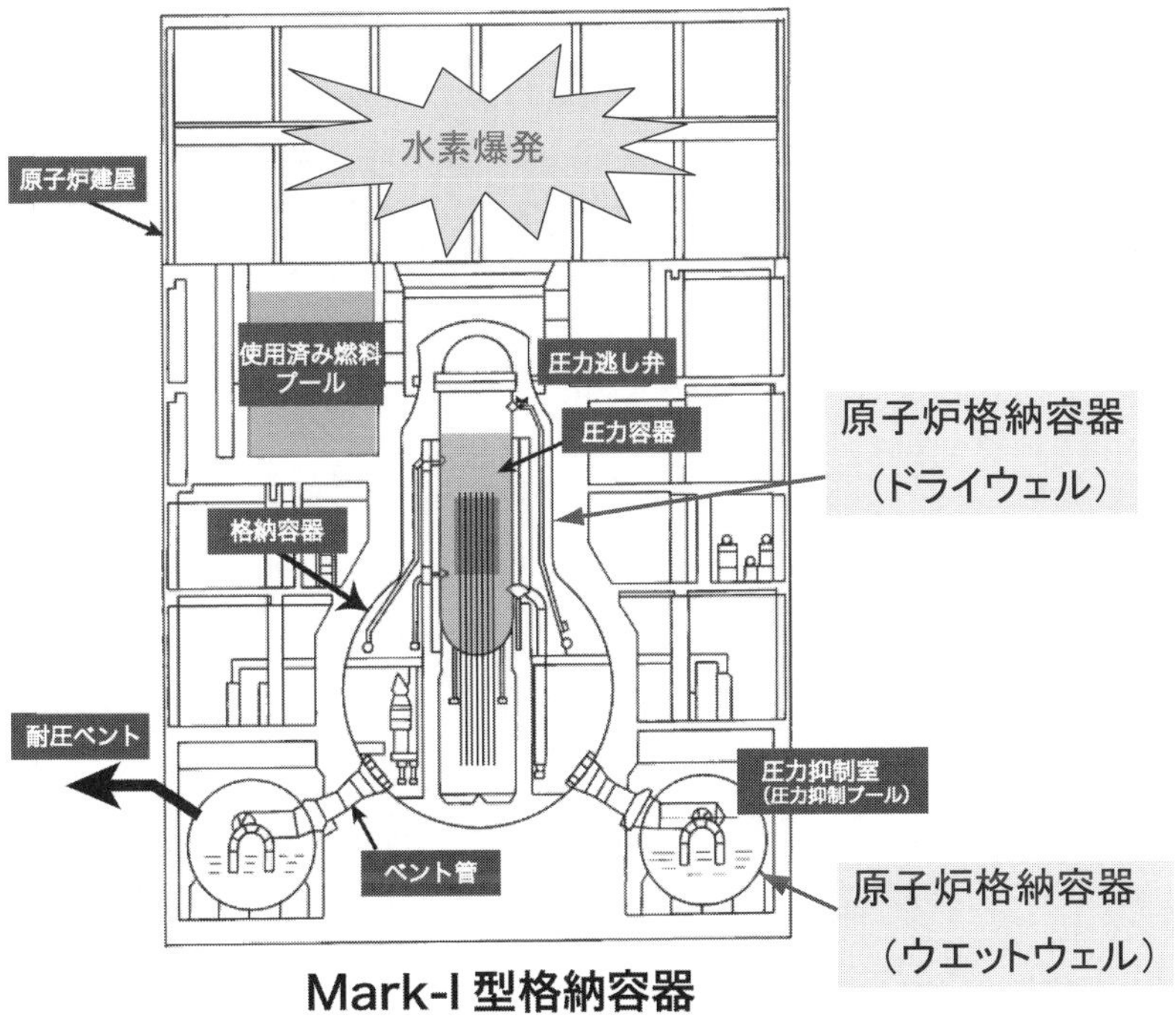

図 2―2　原子炉

こわれて、蒸気がわあっと出てしまう。そうすると、このウエットウェルの中にある水の中に蒸気が入って冷却されますので、凝縮される——つまり体積が小さくなって、圧力を下げる。この格納容器の中は通常一気圧になっている。事故の時に四気圧くらいまで上がる、それを設計上のリミットとして強度計算しているということです。

今、福島原発が、配管が破断する等が生じ、冷却材喪失……ということになっています。水がなくなるということで、びっくりしますけれども、私はびっくりしてはいけないんです。ところが私がびっくりしたのは、格納容器の圧力がもう二倍になっている。これはもうだめです。これはもう完全にスリーマイル事故を超えていると直感的に思いました。なぜかと言いますと、たとえ配管が切れて、冷却材喪失しても、炉心が空だきにならないように、非常用の冷却装置が働き、原子炉内の水位が維持されていれば格納容器は健全性を保つ、という設計になっているからです。

ところが、それが突破されました。その設計条件をこえた時点をもって、シビアアクシデントといいますが、その状態になっていると私は理解しています。止める、冷やす、閉じ込めるという、先ほどのお話がありました。止めるというのは何とかうまくいったけれども、冷やす、閉じ込めるのは失敗したということですが、その一番最初の段階にも、実はいろいろ不明な問題がございます。

図2―3　損傷の原因（全電源喪失）

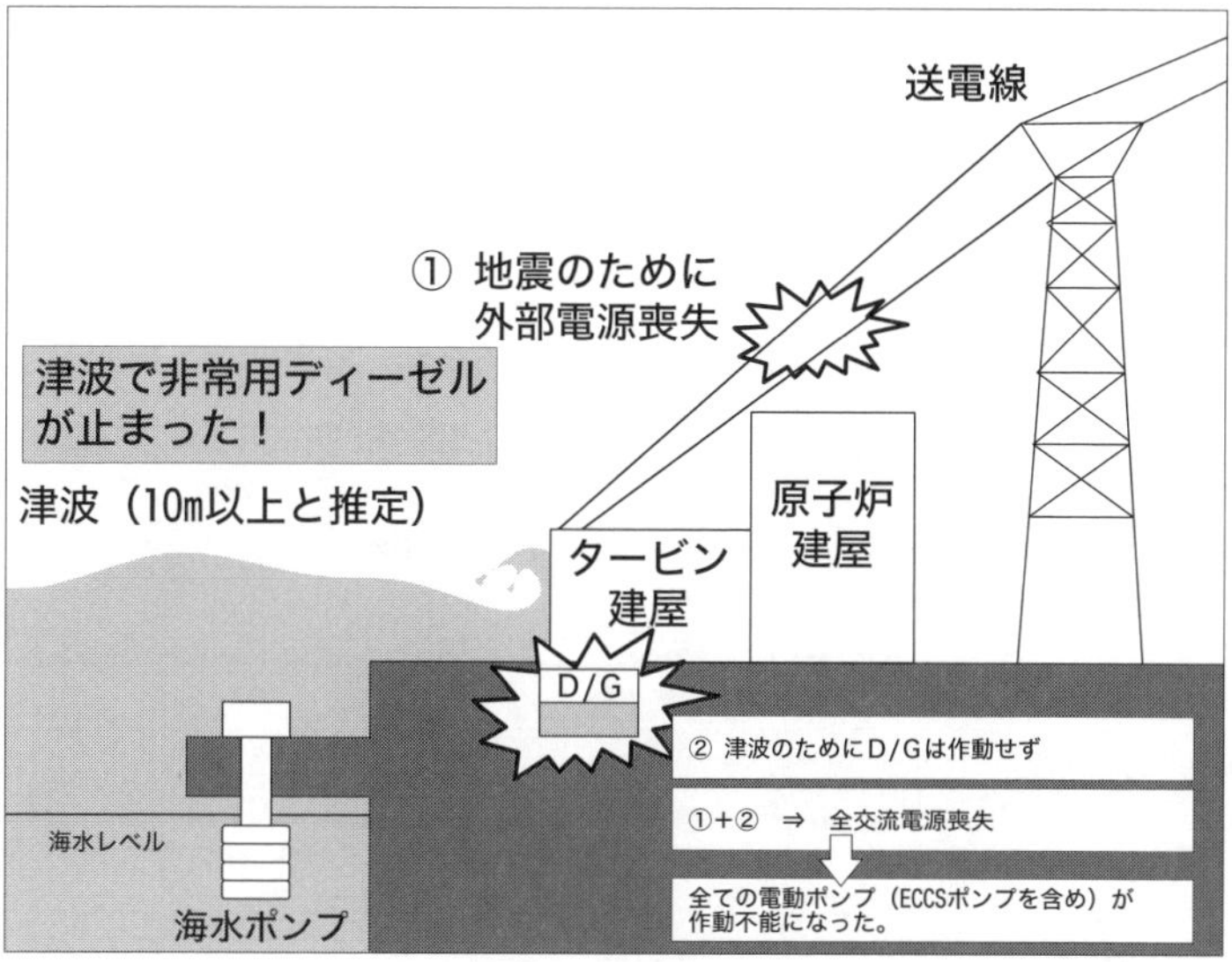

地震・津波時に起こったこと

まず、現象面を見ていきます。**図2―3**です。最初に地震が起こりました。外部電源といいますけれども、送電線で外から電気をもらってプラントを運転しています。これは皆さんのご家庭と同じです。原発は、電気がないと制御できません。原子力発電所に、電気が要るんです。その外部電源が停電した時は、非常用のディーゼル発電機が自動的に起動して、プラントを維持することになっています。図ではＤＧと書いています。ただし、制御棒に関しては、外部電源や非常用発電機なしで、水圧ですが蓄圧式で、圧力をためておいて、そのまま制御棒が入るような設計になっていますから、停電になっても大丈夫です。

直後に襲った津波によって、この非常用ディーゼルの位置が悪いとか、燃料タンクが飛んだとかいうことが重なりまして、結果としては全交流電源が喪失しました。外からの電気喪失にプラスして、非常用ディーゼルもだめになりました。つまり、原子力発電所で考えられている安全性の砦と言われている部分が――それも多重化されていて、複数あるんですよ、ディーゼル発電も一台ではなくて複数ある――それが全てだめだということになったんです。

さらに、このことによって、緊急炉心冷却という、最も重要な機能が停止します。事故があっても原子炉が空だきにならないように、非常用ポンプが起動するようになっていて、これは何系統もあります。高圧系――圧力が高いときに入れられるタイプと、低圧系――圧力を下げないと入れられないタイプと、だいたい三、四系統はあって、その組み合わせになっています。それが、全部だめになっているんです。

Ⅱ　事故の経緯

一号機のデータと事故の進展

福島事故では、一～四号機とありますが、ここでは一号機をとりあげます。**表2―1**です。地震・津波当日の三月十一日の段階を見てください。地震で自動停止し、電源が来ず、

表2—1　1号機の経緯（3月）

11日	●運転中、地震により自動停止 ●交流電源喪失 ●注水機能喪失
12日	●原子炉格納容器圧力異常上昇 ●ベントを開始 ●爆発音 ●炉心に海水とホウ酸水の注入を開始
22日	●原子炉温度上昇(383℃) → 低下(26日05:00、144.3℃)
23日	●消火ラインに給水ラインを追加。給水ラインのみに切り替え(流量:7m³/h)
24日	●中央制御室の照明復帰
25日	●淡水注入の開始
29日	●仮設電動ポンプを用いた炉心への注水に切り替え
31日	●白い煙が継続的に発生しているのを確認 ●原子炉圧力容器に淡水注水継続中

初日に事態は決定的になった。3/11のデータが重要！

注水機能を喪失です。実はこの段階で、もう既に決定的です。十一日夜の段階で、一号機はもうかなりクリティカルな状態になっていました。ですから、翌十二日には、格納容器の圧力が異常上昇し、ベントといって格納容器からガス抜きをしなければいけない事態となりました。ベントについては、後でご説明します。その後水素爆発が起こります。後は、御覧いただいた通りです。

図2—4を見てください。必要なのは、原子炉の中の圧力と水位、温度です。それと格納容器の中の圧力、温度、できれば水位と放射線量。これだけわかれば、大体わかるんです。ところが、ご覧になればお分かりのように、データが飛び飛びです。電気が来なかったせいもありますが、データがないんです。本当にないのか少々怪しいところもあるんですが、少なくとも一番大切なところがありません。

三月十一日、例えば圧力。圧力容器の九〇〇キロパスカルですから、これより運転圧力は一桁上です。一桁上なのに、データをとったときにはもう一桁下がっている。これは何かというと、明らかに冷却材が漏れたとか、圧力逃がし弁が開くとか事故になっているのは明らかです。しかも、格納容器の圧力が二倍近くになっている。

そうするとどう考えるか。その時温度はどうなっているのか、他のところはどうかと、こういうふうに考えるわけです。ところが、事故の時には、計器なんかが死んでしまったり、あるいはデータがとれなかったりといったことが重なります。すべて隠しているとは言いませんが、データが出てこないというのはどうなんでしょうか。もっとデータを公開していただかないと分からない、というのと、確かに分かっていない部分もあるなという、両方があると思います。

先ほどの時間軸は、事故後数日の間だけを示しましたが、三月末まで伸ばしますと、**図2―5**のような形で動いています。例えば、この原子炉の圧力を見ますと分かりますように、二十三日になって急に立ち上がっています。

図2―6です。圧力が上がりますと、原子炉容器が壊れてはいけませんので、圧力逃がし弁――正確には主蒸気逃がし弁ですが、これがわっと噴きます。噴くというのは、圧力が逃げるわけです。普通、容器というものは、設計の条件を超えますと爆発して、壊れてしまいます。ですから安全のために逃がし弁、安全弁という弁をつけているんです。

設定した圧を超えると、この弁のところでブワッと噴いてきて、下部の圧力抑制プールの中に噴き出します。そうすると、原子炉の中の圧力が下がって、蒸気と一緒に熱も来ま

図 2—4　1 号機の 3/15 までのパラメータ

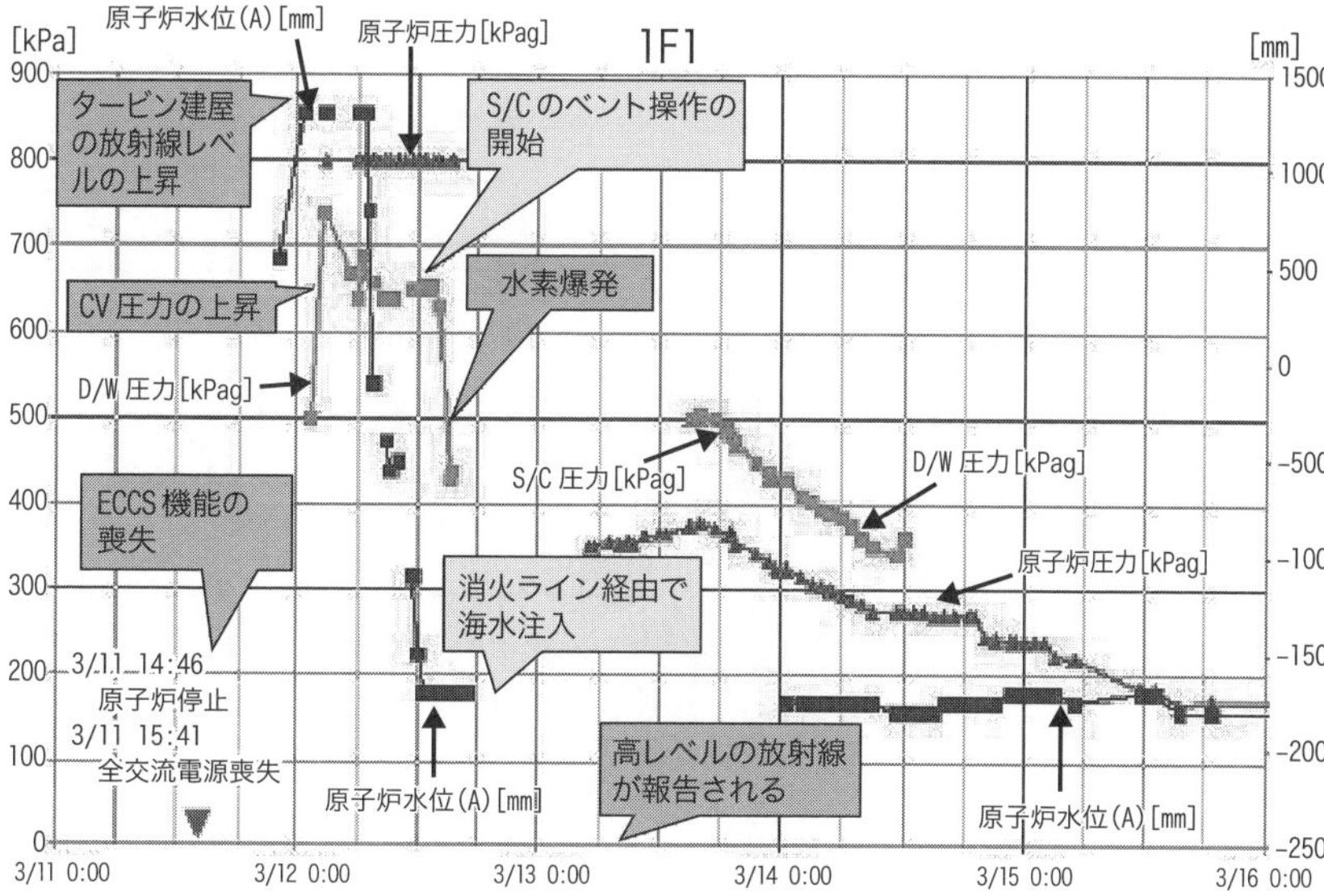

図 2—5　1 号機の 3/30 までのパラメータ

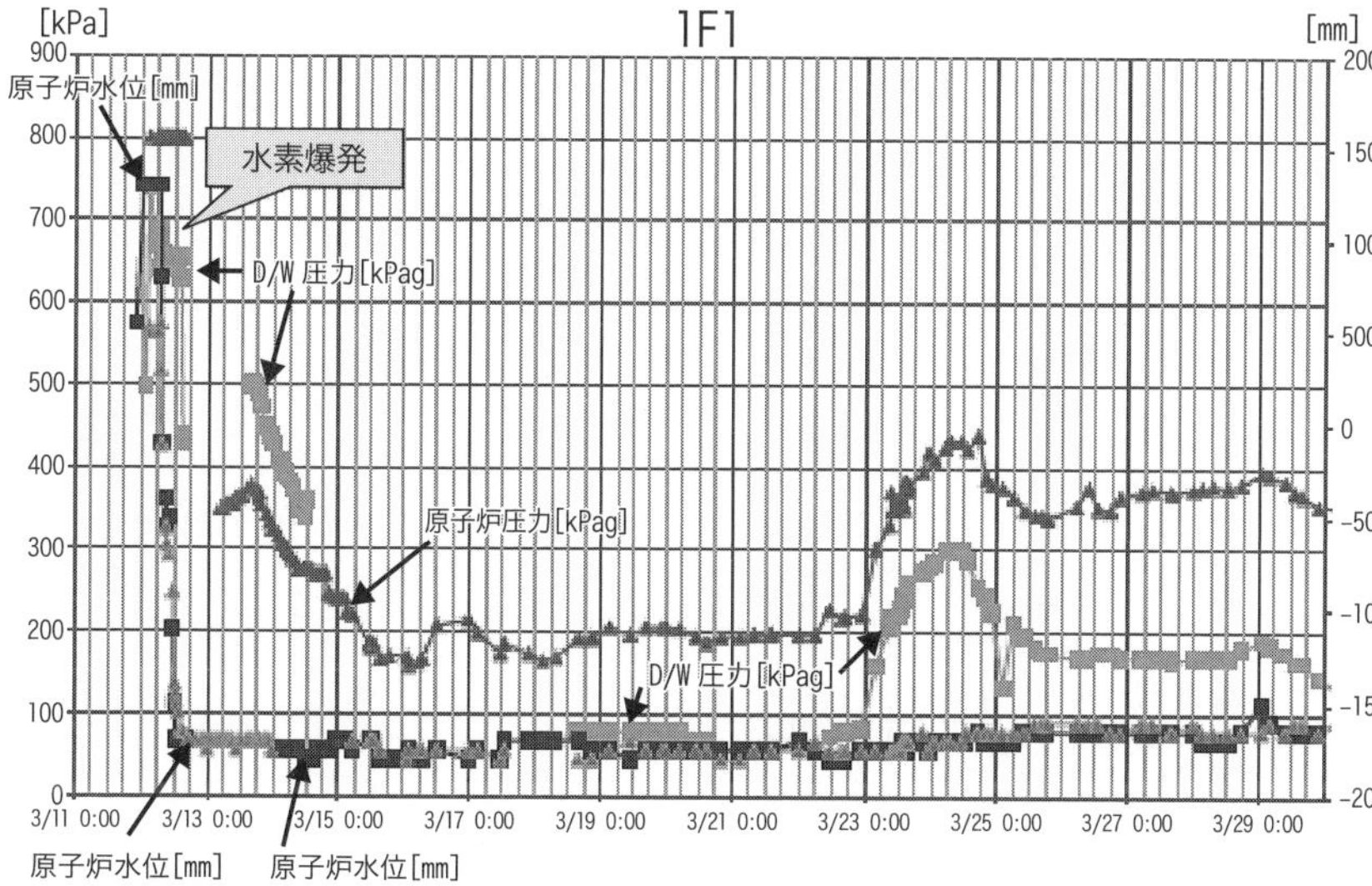

図2—6　1号機の事故の進展

非常用復水器の冷却能力喪失のため原子炉水位が下がり、続いて、炉心が露出

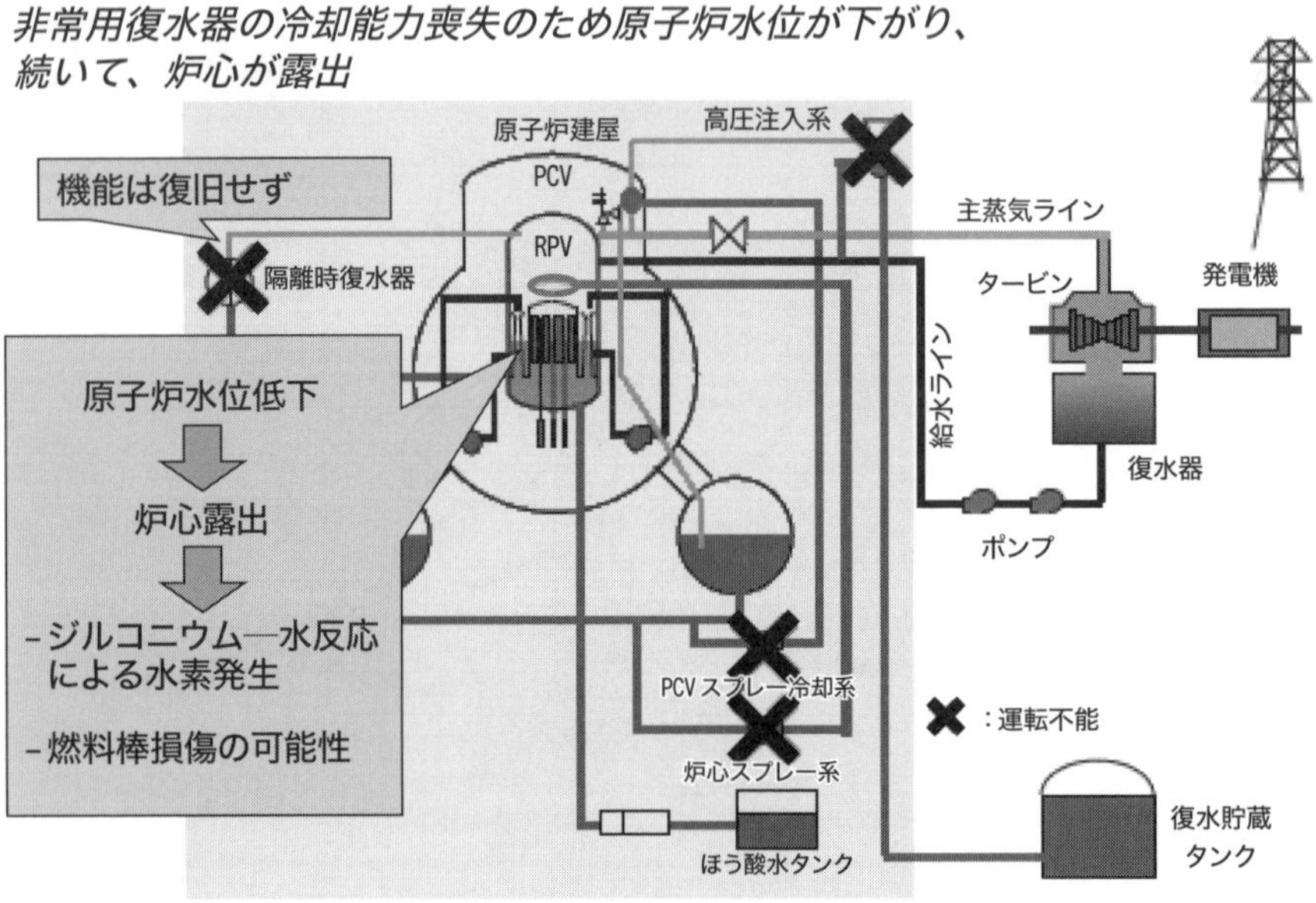

すから、圧力抑制プールの水温が上がってくる。通常ですと、水温が上がると、外部から海水系が来て、長期的にはこれをまた冷やすんですね。そして熱をとるんですが、冷却水の循環システムが遮断されていますから、格納容器がもう一〇〇℃になって沸騰してくる。そういう状態ですと、格納容器の圧力も上がってきます。

“ベント”という矛盾

原子炉の圧力が上がる↓格納容器にその蒸気を逃がす↓今度は格納容器が厳しくなる↓格納容器が壊れるとまずいからベントをする（ガスを外に出す）——そう聞くと、別になんということはないように聞こえますけれども、現実は、もうとっくにそれで安全が破綻しています。つまり、格納容器というのは放射能を中に閉じ込めるもので、外に出さないために設計してあるものなんですから。ベントするということでそれを出してしまうということは、自分自身の機能を自ら否定することになるんです。ですから、格納容器に逃がし弁をつけるという発想はなかったんです。通常、圧力容器にはすべて逃がし弁があるんですが、格納容器にはつけてはいけない。私はそういうふうに教わりましたし、そうやってきたつもりだったんです。

ところが、一九九〇年代になって、それまでシビアアクシデントはないと言いきっていたものが、いや、あるかもしれない、ないとは言えないというふうに、だんだんなってきました。一九九二年に原子力安全委員会が、炉心が損傷して重大な事故になるシビアアクシデントも起こることがあり得ると言い始めた。ただし工学的には多重の安全系で防護していますから、ほとんど無視し得るほどその確率は小さい。だから対策しないでいい、だからベントしていいと、こうなっているんです。私が研究していたときには、炉心損傷後にベントするということは放射能を出しますから、それはまずいので、フィルターをつけるという検討をしていました。フランスのプラントではものすごく大きなフィルターをつけています。ばかでかいフィルターでないと濾せないので、尋常なものではありません。それをつけて、放射能を少しでも減らすという発想だったんです。

ところが、原子力安全委員会もそうですし、我々も、結果として加担していたんです。そんなアクシデントはないだろうということで、やめたんですが、もしフィルターをつけていたら、少なくとも今のように、ベントをして大量に放射性物質をまきちらすということはなかったはずなんです。これは、自分自身、どうしてあの時もっと強くフィルターをつけることを主張しなかったのかと、本当に後悔しています。社内で議論したときには、私はつけるべきだと主張はしていたんですが……。あるいは格納容器を二つつないで横に逃がすとか、何とかしなくてはいけないということは考えていました。(今回はそれも不可能だった。)

冷却系がすべて壊れた

技術的な話をもう少しします。原子炉の各冷却系統がだめになって、蓄電池もだめになりました。高圧注入系もだめ、スプレー系もだめ。しかし一号機だけは、隔離時復水器というのが二台ありまして、ここに蒸気をとって、大きな水のタンクで冷やすと、蒸気が水になって循環するんです。これは動力を使いませんので、なんとか働いたんです。二号、三号、四号機すべてこれがなくて全滅ですけれども、一号機はこれが働きました。

しかし、時間が経ちますと、だいたい八時間ぐらいだったと思いますけれども、この隔離時復水器も機能を喪失します。それで結局冷却ができなくなって、水位が低下して炉心が露出したと考えられます。

＊その後、この隔離時復水器は一度停止した後、一台だけが再稼働したが、もう一台は稼働していなかったとの情報がある。

これは推測ですけれども、多分これが動いたので、一号機はうまくいっていると判断したのではないでしょうか。逆に、事故のプロセスを見ますと、一号機はうまくいっていると思って二号機の方を見ていたときに、一号機が厳しくなって、それで決定的になった。

そして何が起こったかと申しますと、先ほど井野先生のお話にあったように、燃料が露出したときに、水蒸気と、ジルコニウムの被覆管とが反応を起こして、水素が出ました。しかし原子炉の中で水素が出ても、何で建屋の上部で爆発するのか？　おかしいんです。原子炉の外に出て、さらに格納容器も突破されたことになるんです。これは何なのか、非常に悩みましたが、私の結論は、圧力容器から蒸気を出す逃がし弁がありますから、格納容器に出てくるまでは納得できます。これはしょうがない。その後、格納容器の中に出た水素が、水素は軽いので上に多くたまるので、そこの大きな蓋から漏れた可能性がなきにしもあらず、というのが私の結論です。蓋のところは、圧力が設計圧の二倍近くになっていて、温度もおそらく高かったと思います。特に水素は漏れやすいですから、上にたまって爆発したのではないかと思います。

一号機の事故の進展としては、そういうことです。冷却系が全部だめになっていく。それで結局、消火用のポンプを用いて、あるラインに無理やりつなぎ込んで、細々と給水しています。現在も、だいたい一時間に二立方メートルぐらいから一〇数立方メートルぐらいの容量で冷やしています。それはどれくらいの量かと申しますと、先ほどの非常用の冷却系が持っている冷却能力の数一〇分の一、あるいは一〇〇分の一に近い。

通常の場合だと、原子力プラントは一時間当たり数百トンから一千トン以上、一気に水を入れて、冷却できる性能を持っているんです。ところが全部がだめになって、しょうがないので外から、それこそ手探りでやっているわけです。そうやって冷やしているから、極めて脆弱な冷却手段になっています。

しかも、電源も不安定です。冷やし続けるには、電源とポンプ、水が要るわけで、その三位一体でなければ、意味がありません。そのどれが欠けてもだめです。しかし電気がだめになり、ポンプがだめになり、今度は水がないから海水を入れましたね。実は、海水はいろんな悪さをします。詰まらせたり、場合によっては冷却性能を落とすこともあります。原子炉の中で塩が固まって、冷却できなくなっているのではないかということも言われています。このことはNRC（米原子力規制委員会）も指摘しています。長期的には腐食も心配です。（その後、海水から真水に変更した。）

そういうことで、冷却できなくなっている。格納容器の圧力が上がる。格納容器からベントする、ということになります。

四号機の事故経緯1――使用済み燃料プール

四号機を見てみましょう。**表2―2**を見てください。四号機の使用済み燃料プールの水

表2—2　4号機の経緯

14日	●使用済み燃料プール　水温84℃
15日	●4階壁の損傷確認 ●3階で火災発生(12時25分鎮火)
16日	●火災発生。東電は地上からは火災確認できず
20日	●自衛隊による使用済み燃料プールへの放水
21日	●自衛隊による使用済み燃料プールへの放水
22-24日	●放水(コンクリートポンプ車、3回)
25日	●燃料プール冷却(FPC)ラインから使用済み燃料プールへの海水注入 ●放水(コンクリートポンプ車)
27日	●放水(コンクリートポンプ車)
29日	●中央操作室の照明復帰
30日	●白煙が出続けていることを確認 ●コンクリートポンプ車を使って使用済み燃料プール上に淡水放水(約140トン) ●使用済み燃料プールに淡水放水

温は、八四℃でした。その後に爆発が起こります。

図2―7は、福島ではない、他のプラントの建設中の写真で、私が自分で撮ったものです。丸いところの下に格納容器があって、原子炉があります。この横に、プールがあります。建設中なのでよく分かりませんが、プールになっています。つまり、爆発したのはここのフロアです。このフロアに水素が入って、上部で爆発しました。

図2―8は、使用済み燃料プールの問題です。写真では分かりにくいんですが、燃料を取り出すために圧力容器の蓋を開けて、格納容器の蓋も開けて、シールして、その中に水を張るんです。水を入れると、この図で「使用済み燃料プール」と書いてあるところとつながるんです。プールとつなげて、原子炉内の燃料のあるところから水の中を移動できるようにするんです。空中に出したら、放射線が強過ぎて、危なくてだめですから。何でこんなところに使用済み燃料プールを置くのか、設計がおかしいんじゃないかと大分言われました。でも水の中を移動させないといけないんですから仕方がないんです。それで、ここ

図 2—7　建設中の原子炉建屋最上階（オペレーションフロア、著者撮影）

図 2—8　使用済み燃料プールの問題

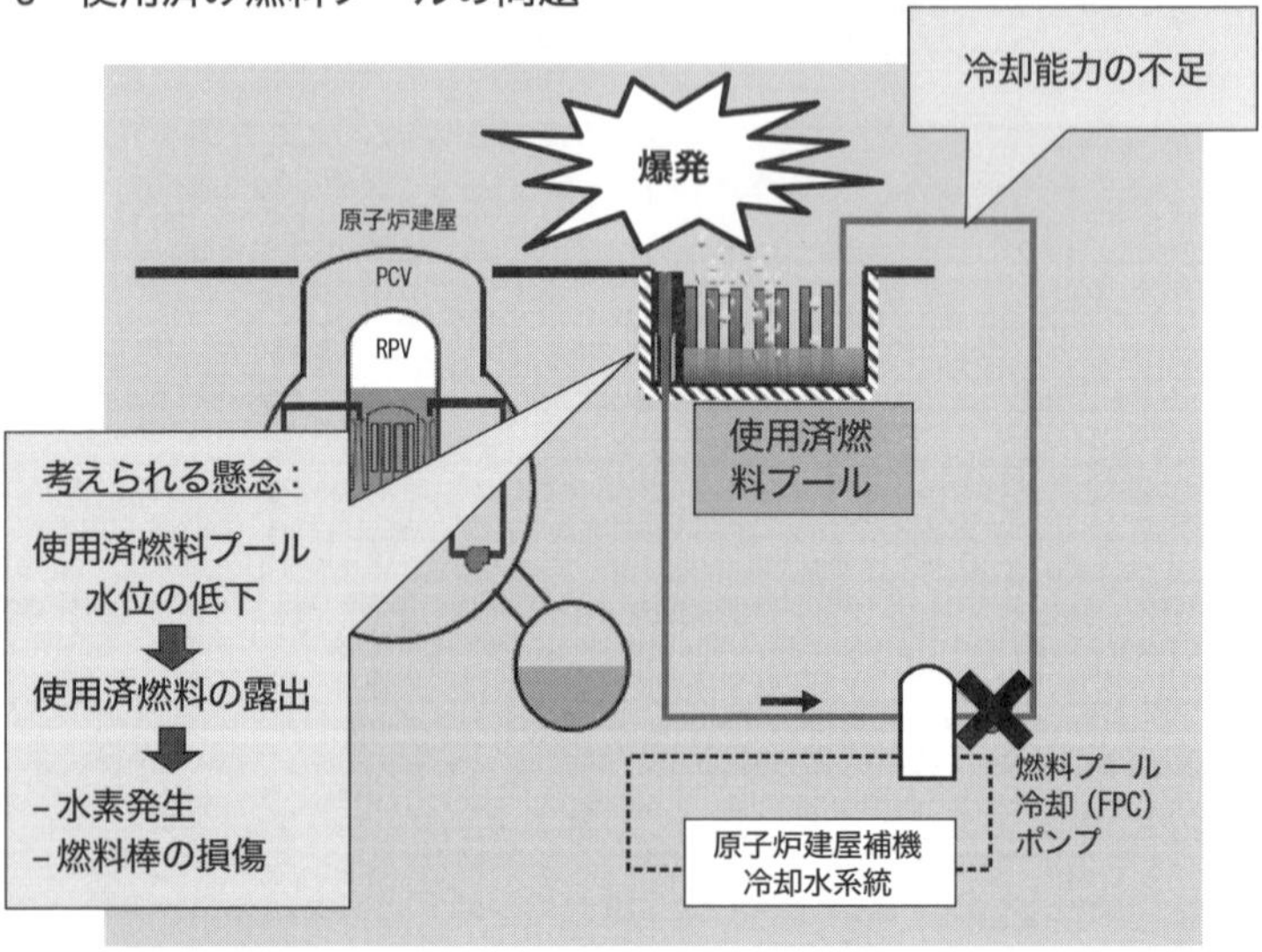

に置いてあります。先ほどお話があったように、ずっと冷却しなければいけないからです。推測ですが、使用済み燃料プールで起こった現象としては、地震によってプールの水が揺れるんです（スロッシングという）。十勝沖地震のとき、石油タンクがかなりやられて大問題になりました。つまり、周期の長い揺れに対して水が動揺するので、かなりの水が出た可能性があります。それと、もしかしたら損傷したかもしれません。いずれにしても、このプールの水が減って、あるいはそれ以上のトラブルがあって、使用済み燃料が露出して水素が発生し、そこから爆発した、ということです。四号機については、原子炉の中には燃料がなかったので、このようにしか考えられません。

＊その後、燃料は損傷していないことがわかり、爆発の原因は三号機の水素ガスではないかということになった。

四号機の事故経緯2——燃料の装荷・保管状況

ただし、この燃料の量は非常に多いんです。**表2—3**が、燃料集合体の数です。原子炉本体の中には、四号機以外は四〇〇とか、五〇〇〜六〇〇入っていました。使用済み燃料プールでは普通五〇〇〜六〇〇程度ですけれども、四号機は一三〇〇体もあります。ですから、ものすごい熱量です。他に共用プールもあります。まずとにかく、水で冷やさなければいけない。

表2—3　各号機の燃料の装荷・保管状況

	1号機	2号機	3号機	4号機	5号機	6号機
炉心内燃料集合体数	400	548	548		548	764
使用済み燃料プール内使用済み燃料集合体数	292	587	514	1.331	946	876
使用済み燃料プール内新燃料集合体数	100	28	52	204	48	64
水の容積(m^3)	1,020	1,425	1,425	1,425	1,425	1,497

使用済み燃料プール内の燃料の状況

1号機	2号機	3号機	4号機
直前の停止は2010年9月27日	直前の停止は2010年11月18日	直前の停止は2010年9月23日	直前の停止は2010年10月29日 炉心シュラウド交換のため、すべての燃料集合体は炉心から取り出され、プールにあった。

安全性の考え方から、チェルノブィリとの比較をします。私がどう見ているかというと、安全かどうかというのは、「危険源がどれだけあるか」がポイントなんです。つまり、ここにある放射性物質の量は、極めて大量であり危険なんです。

しかも、一号機から三号機まで、炉心が損傷しています。今も冷却が安定しておらず、圧力容器も損傷しています。つまり、圧力容器も格納容器も破損していて、特に二号機は既に「閉じこめ」の機能を失っているんです（その後、一号機、三号機も損傷していることがわかった）。他に、燃料プールもある――この状態が、チェルノブィリよりもましだと言えるでしょうか？

私は一番最初にそのことを危惧しました。爆発したら、チェルノブィリどころじゃないと思ったんです。チェルノブィリは、爆発したとはいえ、一機だけですからね。それと較べると、事故のあいだ中ずっと膨大なリスクを背負っていたんです。東電や保安院は大丈夫だと言っていましたが、私は本当にずっと気が気ではありませんでした。いま、ある程度落ちついてきて、爆発的な現象が起こる可能性が少なくなったので、少しほっとしてはいるんですが、まだ安定してはいないと思います。当初は、チェルノブイリを超えてしまったらどうしようと思ったんです。

どういうことかといいますと、今だから言えるシナリオですけれども、どこかのプラントが炉心溶融から格納容器を破壊して爆発へと至ります。そうすると、強い放射線が出ますから、その周囲に行けなくなります。そうすると、一号機、二号機、三号機、少なくとも、四号機の燃料プールを含めて、人が行けなくなるから手がつけられなくなって全滅です。爆発だけが問題ということではなくて、爆発によって出た放射能で近づけなくなって、手がつけられなくて全滅するという、このシナリオは、規模がチェルノブイリなんてものではありません。

テレビに出ていた人には、メーカーの出身者や大学の関係など、私の仕事上の先輩に当たる人たちがたくさんおられますが、本当にひどい説明だと思います。そういうことに対して、一切発言しないんですね。私にも煽るなと言われました。もちろん煽るつもりはありませんが、事実は言わないと、考えようがないわけですから。事実はこうであって、今こういうふうに手を打っているということを言うことが必要だと私は思ったので、あえて申し上げました。

Ⅲ　原子力安全の崩壊

「原子力安全」の崩壊1——制御棒挿入の失敗

問題は、「止める」です。制御棒が入って、原子炉は安全に止まりました。安心してください、あとは冷やす、閉じ込めるだけです——とこういう表現で報道されましたが、かなりの人が正確には理解されなかったと、私は思っています。なぜかというと、一つは、「止まった」ということをどう理解されたかなんですけれども、止まったことは事実ですが、当然のごとく言っていますけれども、私は止まってくれて助かったと、本気で思っています。

この制御棒というのは下から入れますが、福島第一の三号機、志賀原発の一号機など、過去に何度か制御棒の事故で臨界事故を起こしていまして、地震で制御棒が必ず入るとは断言できません。

一九九九年六月十八日、志賀原発で起こった事故です。志賀原発一号炉が定期検査のため停止中、制御棒関連の弁を操作していたところ、三本の制御棒が想定外に全挿入位置から引き抜かれ、原子炉が臨界になるという事故が起こりました。

制御棒は、加圧水型は上から挿入しますが、沸騰水型なので、挿入時に間違って落っこちると、勝手に核反応を起こしますから、これは絶対にあってはいけない事故です。私が現役のとき、社内で技術屋どうしで議論して、私は特に格納容器で、事故が専門ですから、事故について議論するわけです。私が心配したのは率直に、加圧水型より沸騰水型で、制御棒を下から入れようとしたときに落ちたらどうしようと言いました。そうすると、そちらの担当者が、絶対大丈夫、なぜならこうやって設計していて、システムがこうで……と、とうとうと説明してくれました。そうか、そこまで行っているなら多分大丈夫かなと、本当に私も思っていたんです。

ところが、数年前です。**表2―4**を見てください。一九七八年から二〇〇五年まで、これだけ制御棒の脱落・誤挿入事故があるんです。しかも、二件は臨界になっています、勝手に核反応を起こしているんです。原子炉を運転している、していないというのは、自動車の運転ではないんですから、核物質があって、制御棒を入れているからそれが止まっているんです。その棒が脱落する、抜けるということは、それも運転です。

しかもその状態は、普通の運転状態と違って、定期検査中でしたので、圧力容器のふたが開いているんです。そうすると、そこで何かあると、そのまま格納容器も使えない状態

表 2—4　制御棒脱落・誤挿入事故一覧（〜 2007 年）

年月日	原発名	事故内容
1978年11月2日	福島第一3	制御棒5本が脱落。**臨界**
1979年2月12日	福島第一5	制御棒1本が脱落
1980年9月10日	福島第一2	制御棒1本が脱落
1988年7月9日	女川1	制御棒2本が脱落
1991年5月31日	浜岡3	制御棒3本が脱落
1991年11月18日	福島第一2	制御棒5本が誤挿入
1993年4月13日	女川1	制御棒1本が誤挿入
1993年6月15日	福島第二3	制御棒2本が脱落
1996年6月10日	柏崎刈羽6	制御棒4本が脱落
1998年2月22日	福島第一4	制御棒34本が脱落
1999年6月18日	志賀1	制御棒3本が脱落。**臨界**
2000年4月7日	柏崎刈羽1	制御棒2本が脱落
2002年3月19日	女川3	制御棒5本が誤挿入
2005年4月16日	柏崎刈羽3	制御棒17本が誤挿入
2005年5月24日	福島第一2	制御棒8本が誤挿入

になる。原子力の安全関係の専門家は、定期点検中、運転していないときのリスク、事故というのが極めて危ないというのを、よく理解しているはずです。私は、フランスなどの海外の情報から、定期検査時も怖いということは認識していました。

しかし、こういうことは日本では起こらないと言われていて、この表の事故も隠していましたから、私がこれを知ったのはほんの何年か前です。それまでは私たちもだまされていたんです。あの表が明るみに出たとき、かなり原子力を信奉しているある先輩がこう言われたんです——「後藤君、僕も今まではずっと信用してきたけれど、これはいかんな。電力会社は何をしているんだ。これはもういかん」と、彼がエキサイトしているんです。彼をしてそう言わしめるというのは、ものすごく強烈な印象があって、僕自身も非常にショックでした。

図2—9　スリーマイル島事故における原子炉の様子

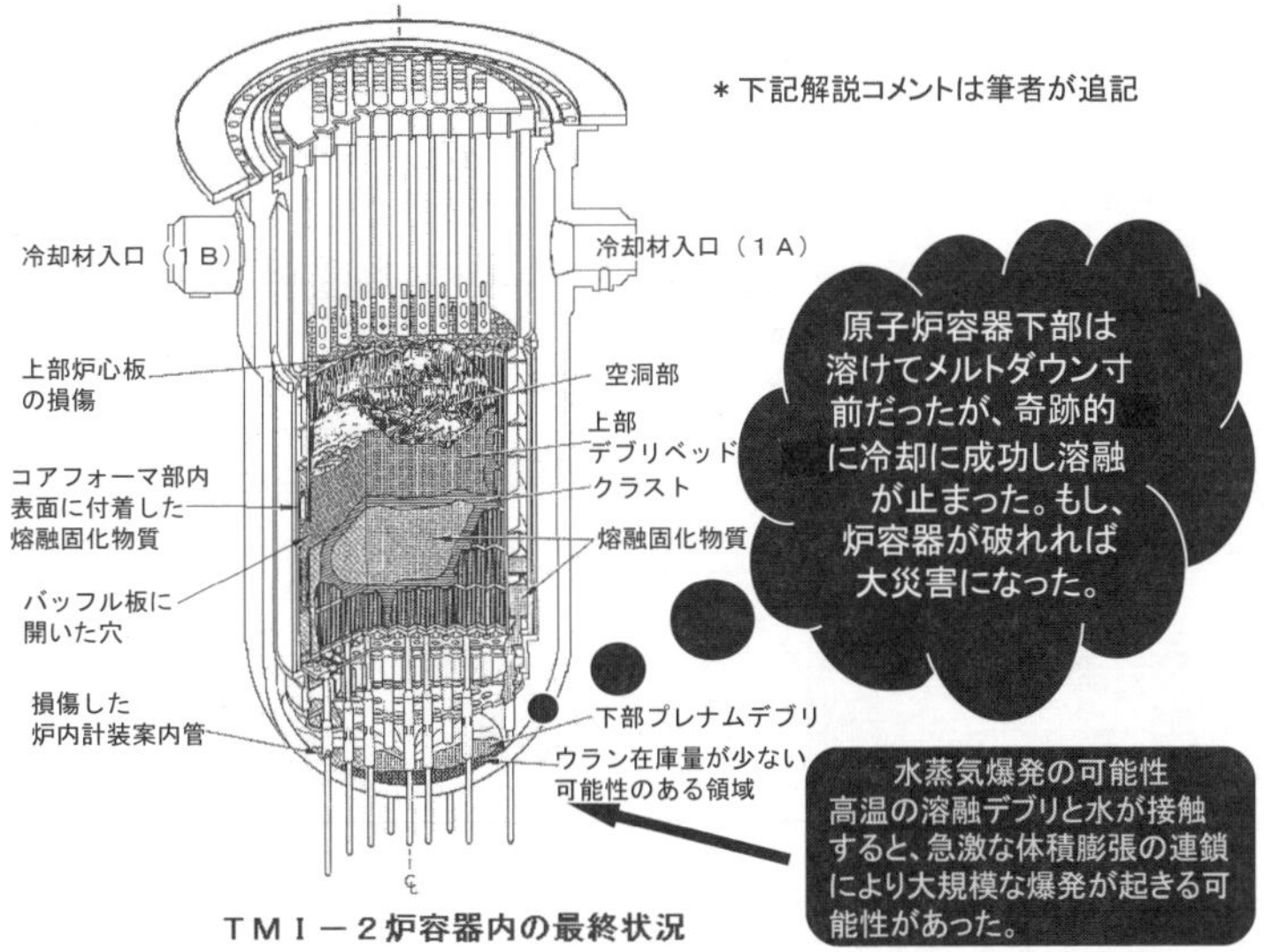

＊炉心物質の約45％（62トン）が溶融し、このうち約20トンが下部プレナムに落下した
［出典］ J．M．Broughton,et al.:A Scenario of the Three Mile Island Unit 2 accident, Nuclear Technology, Vol.87, No.1, p.35, 1989

「原子力安全」の崩壊2——原子炉の破壊

図2—9は、スリーマイル島事故の、原子炉の中の様子です。燃料もへったくれもない、このように溶けて、金属がある一部で溜まったり、溶けたものが流れたり、ぐじゃぐじゃになるんです。この事故のときも、原子炉の中はどうなっているか、燃料棒はどういう形になっているかなど、いろいろな議論がありました。ですけれども、ぐしゃぐしゃになっていた。

このスリーマイルの状態よりも、今回の方が、燃料の損傷の率は高いんです、七〇％はいっています。スリーマイルは、これよりもう少し少ないと思います。福島事故はそういう状態で、一号機が一番損傷がひどくて、二号機、三号機でも、三〇％とか二五％とか言っていますけれども、その値はともかく、まずはかなり大きな損傷をしています。ただし、見てきたわけではありませんし、データもありません。入口と、あともう一ヶ所の二ヶ所で温度をはかっています。その温度で、中がだいたいどうなっているかという推測をしているんです。水位についてもそうやっています。誰も知らないので、お互いに推測なんですが、どうも疑わしいことがいっぱいあります。(その後、メルトダウンが判明した。)

格納容器からの漏れ

格納容器の漏れの話をいたします。格納容器には、貫通部といって配管、ケーブルが通るところと、それから人が出入りしたり、機械を搬出入するところがあります。それから、上は、蓋が取れます。**図2—10**は、外側から見た写真です。

運転するときには、格納容器から漏れがないことを確認します。事故があると、隔離弁が全部閉まるんです。そうすると、格納容器はもう周囲と遮断されて、冷却で使う水など以外は、全部止まります。そうして中に放射能を閉じ込めますから大丈夫だ、という設計です。

図2—11を見てください。運転に入るときには、窒素を入れて、圧力をかけて、どれぐらい漏れているか調べます。格納容器の全体漏洩率試験といって、法的な義務があるので、これを確認しないと原子力プラントは運転できません。

容器全体の体積は数千立方メートルありますが、一日当たり、掛ける〇・五%だけの容

図 2—10　原子炉格納容器　Mark—Ⅱ改良型（著者撮影）

図 2—11　格納容器の設計

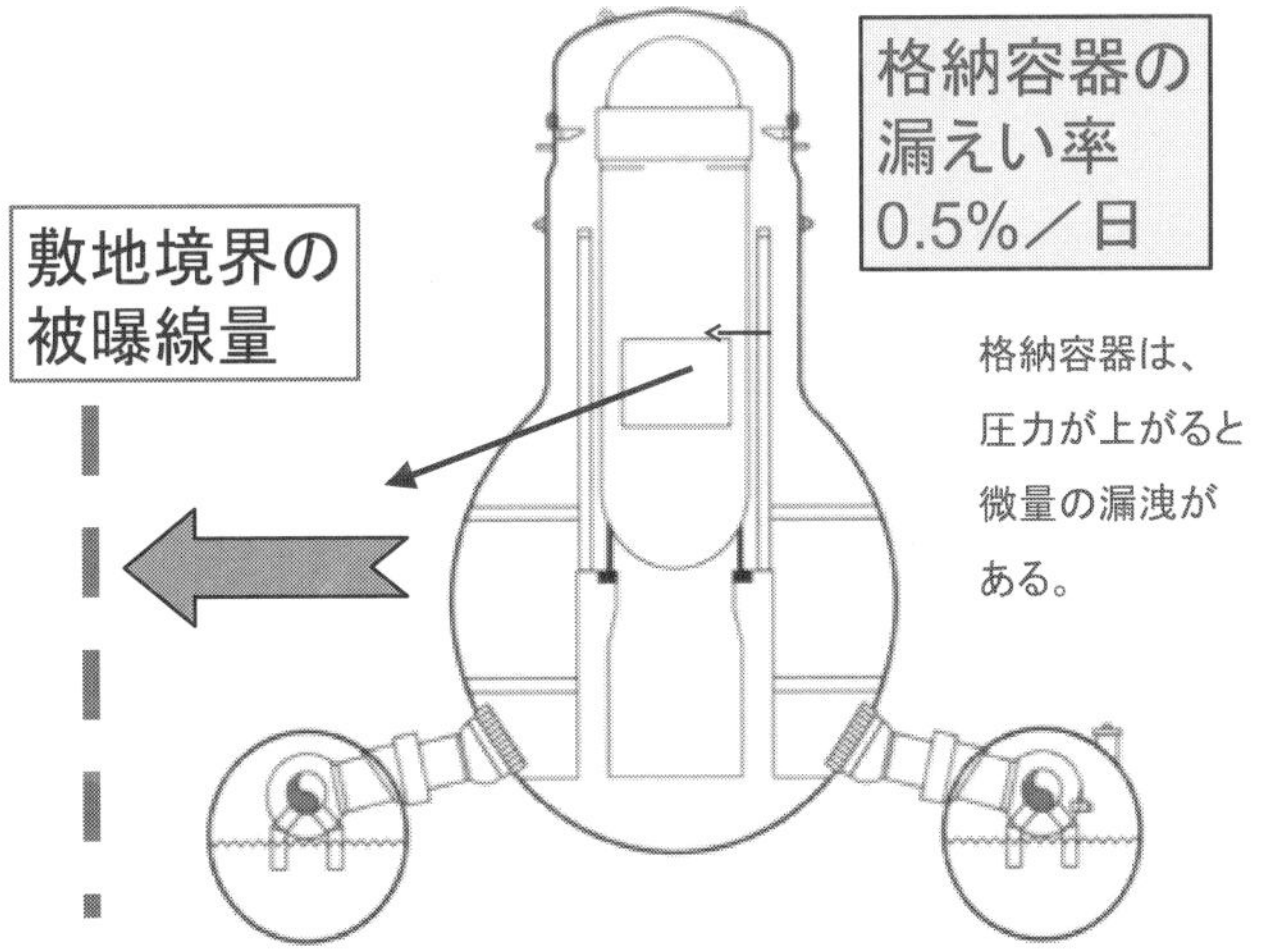

積の気体が外に出ると考えるということです。ここの圧力を一日じゅう測って、圧力の降下から、何%漏れたかを計算します。その値が一日あたり〇・五%を超えないことが、運転に入れる条件だということです。我々格納容器屋は、プラントを立ち上げるとき、この全体漏洩試験を、びくびくして見ています。超えてしまったら、運転ができませんから大変です。うまくいけば、ああよかったと運転に入ります。その意味は、出てきた放射能の量は敷地境界線内の被曝線量の法的な基準の範囲内である、という考え方です。

では、現在はどうかというと、はっきり申し上げて、この値が何桁上がっているでしょうか。二号機はサプレッションチェンバー（圧力抑制タンク）も壊れていると言っていますから、かなり大きいのではないかと思います。一号機、三号機でも、いったん圧力が二倍ぐらいにまで上がって、温度が上がっているということは、どこかで漏れている可能性が高いということです。もうこういうオーダーになっているのではないかと、私は推測しています。

格納容器の破壊

もう一つは、格納容器が破壊するかどうかということです。米国のサンディア国立研究所（SNL、ニューメキシコ州アルバカーキ）が、加圧水型の鋼製格納容器の八分の一モデルに圧力をかけて、破壊試験をやりました。**図2―12**です。この試験に私は関わってい

図2—12　PWR鋼製格納容器破壊試験
（SNL1／8鋼製格納容器モデル試験）

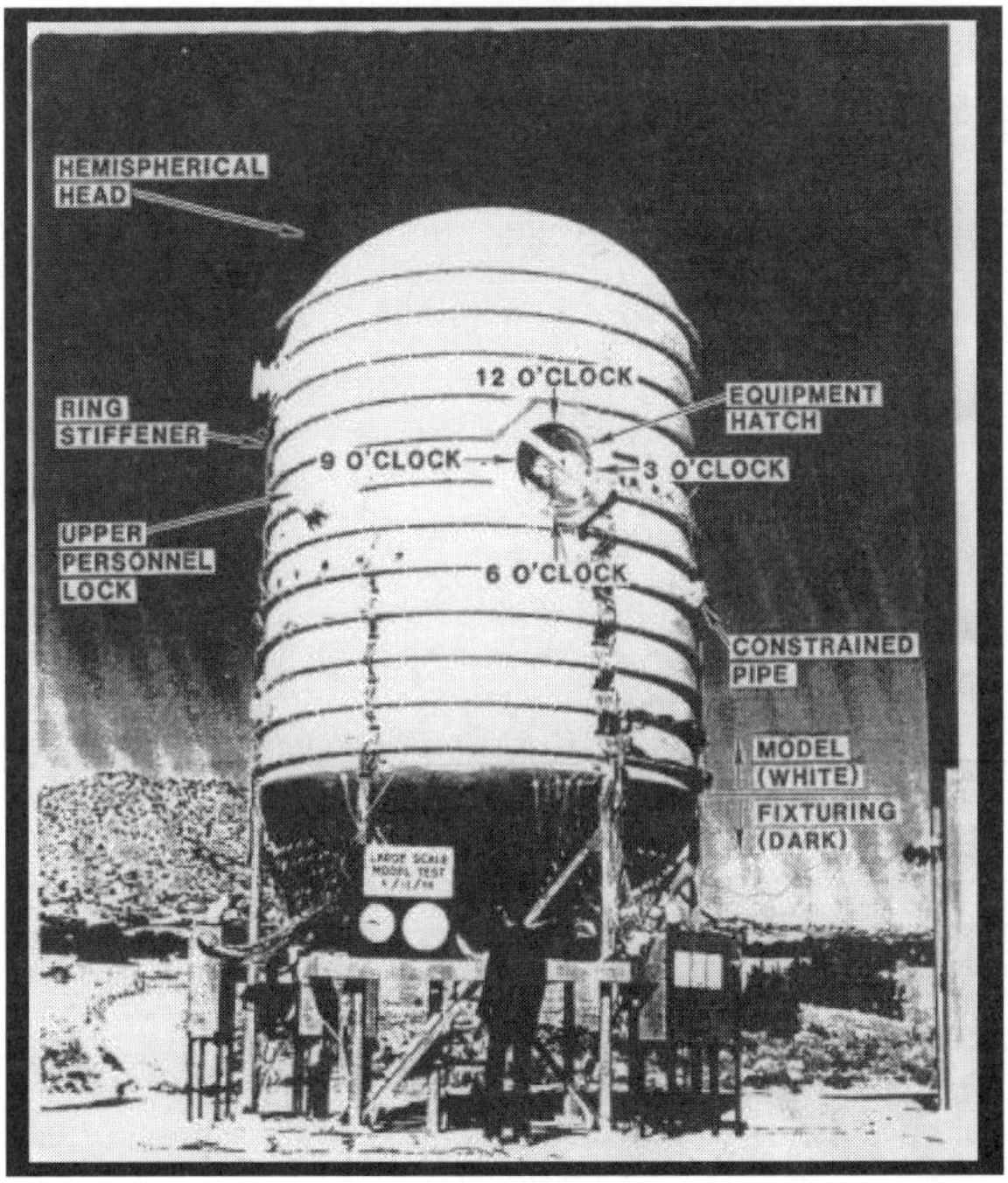

ないんですが、この後に私は研究として、鋼製、コンクリート製、いくつかの格納容器の破壊試験に関わりました。格納容器が設計圧の何倍までもつか明らかにすることが、私に与えられた使命だったからです。

米国の試験では、このときには相当上までもったんですが、圧力をかけると、応力集中部――構造物が複雑になっているところが、風船のようにきれいに広がればいいのですが、そこだけに力が集中して、そこからバンと割れたんです。設計圧よりも五～六倍まで上がってからですが。

その時は、破片が数百メートル飛んでいるんです。その後、日米で共同研究をやったんですが、近くに空港がありまして、飛行機に脅威を与える、飛行禁止になるのはだめだと問題になりまして、地下を掘って、そこで実験をやりました。鉄製の容器であっても、圧力をかけた状態で破壊しますと爆発的に壊れます。それは怖い、まずいということです。

図2—13は、フランジの漏れです。ガスケッ

図 2—13　フランジリーク（漏れ）

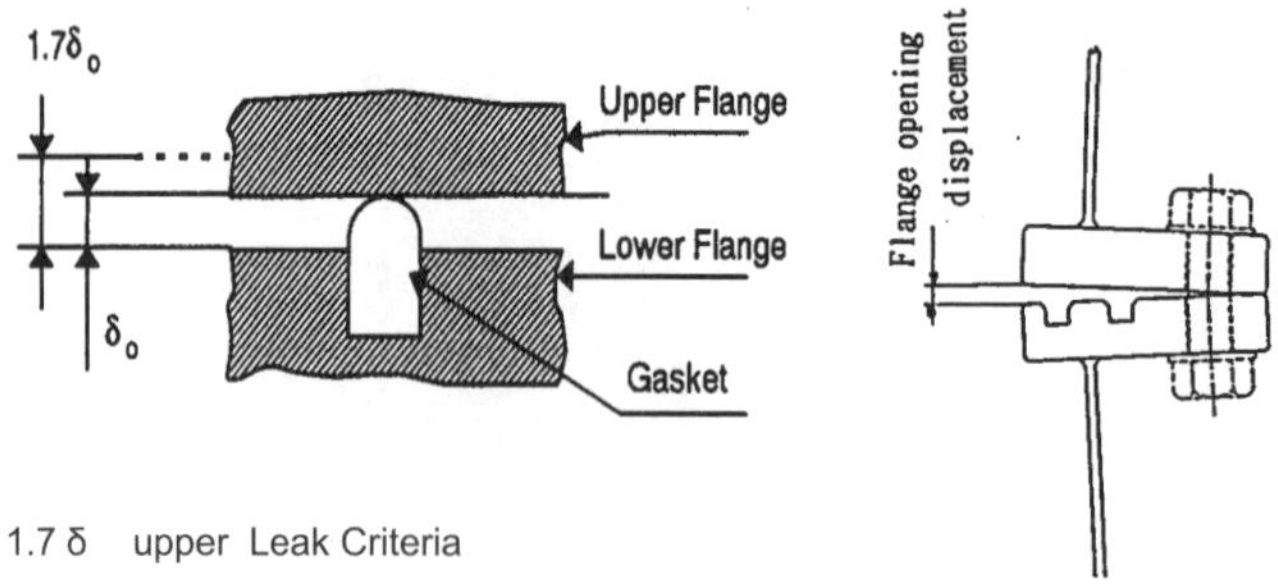

フランジ開口量とリーククライテリアの関係	フランジ傾斜とフランジ開口量の関係

図 2—14　格納容器の強度

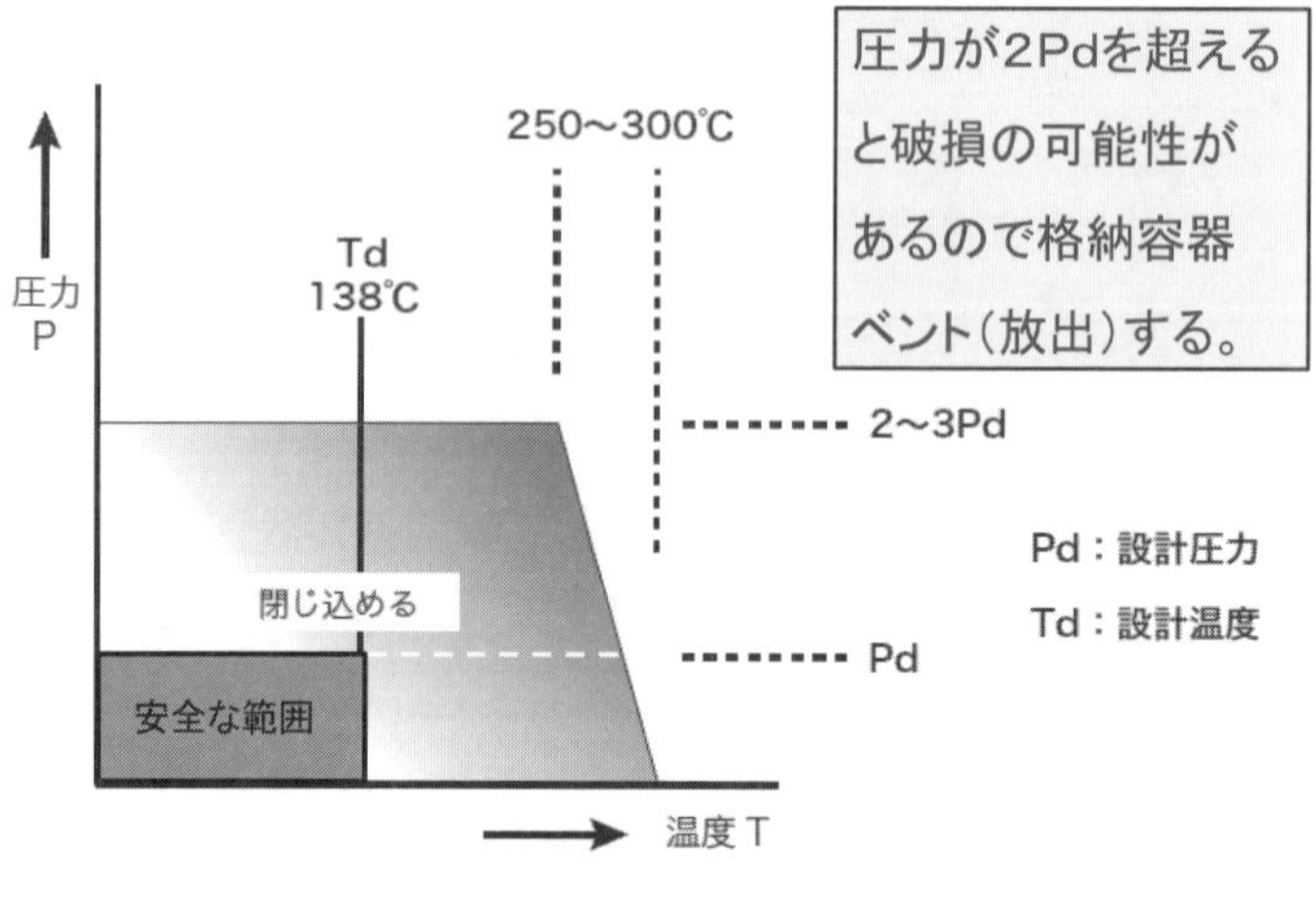

ト、ゴムがあって、ボルトを締めて、閉じていても、圧力がかかると漏れるということです。

格納容器には、ケーブルを通します。容器は金属ですけれども、ケーブルの通るところはどうしても樹脂を使わざるを得ない。金属ははるかに高い温度でも大丈夫ですけれども、樹脂、ゴムは温度に弱いので、だいたい三〇〇℃ぐらいになると漏れます。

そういうことをもとに私が検討していたのは、**図2—14**です。格納容器の設計上の強度です。縦軸は圧力で、横軸が温度です。圧力で四気圧、温度は一三八℃、こういうオーダーの設計です。この範囲なら安全なのですが、今回の事故ではこれを超えました。そうすると、どこかが漏れる、場合によっては全体を破壊する脅威がある。だから、格納容器からベントせざるを得ない。けれども、再度申し上げますが、格納容器から中のものを出すということは、違法です。放射能を含んだものを出してはいけないんです。違法行為をやるという意識を持って、出さなければいけない。格納容器ベントをするというのは、あたかも安全に噴かしたという感覚で言われていますが、全然違います。安全ではなくて危険弁なんです。爆発するか、どちらかの選択を迫られただけなんです。そういうふうに考えてください。

図2—15は格納容器の内部です。スプレイヘッダーというのがありまして、ここで水で冷やされます。

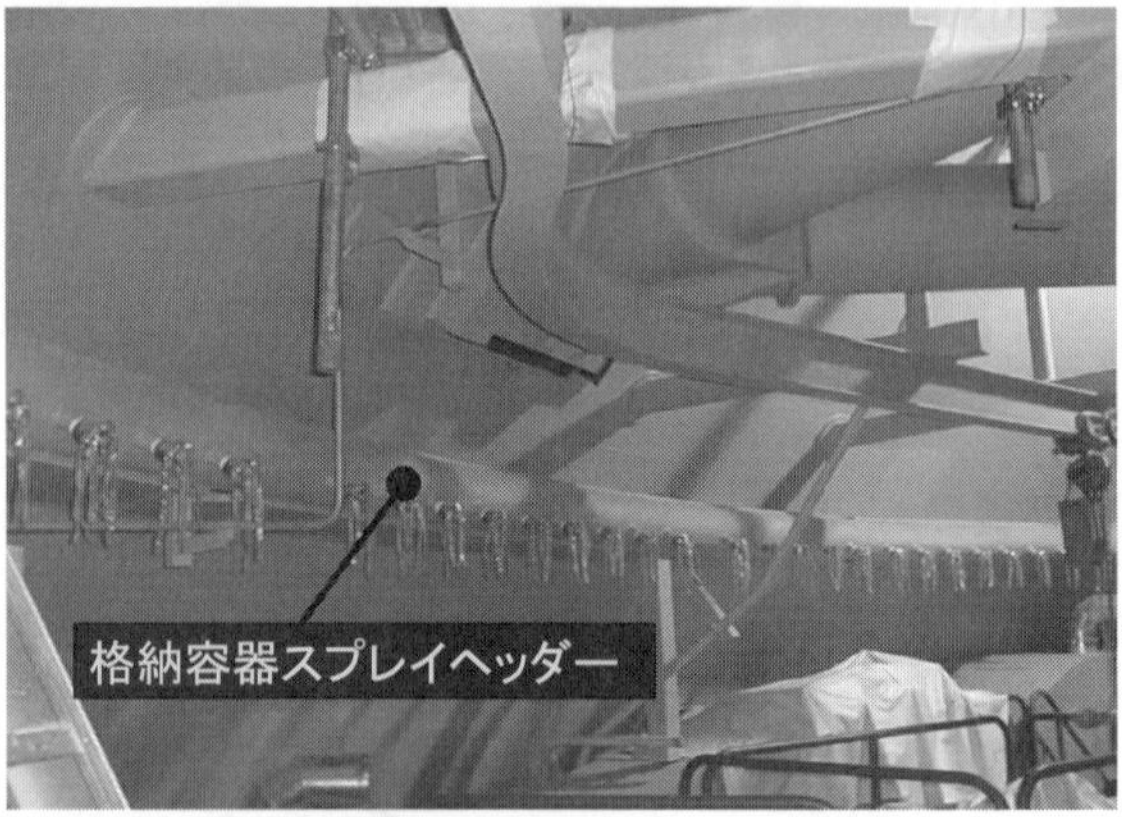

図 2―15　原子炉格納容器スプレイヘッダー
（格納容器内に冷却水を噴霧する）

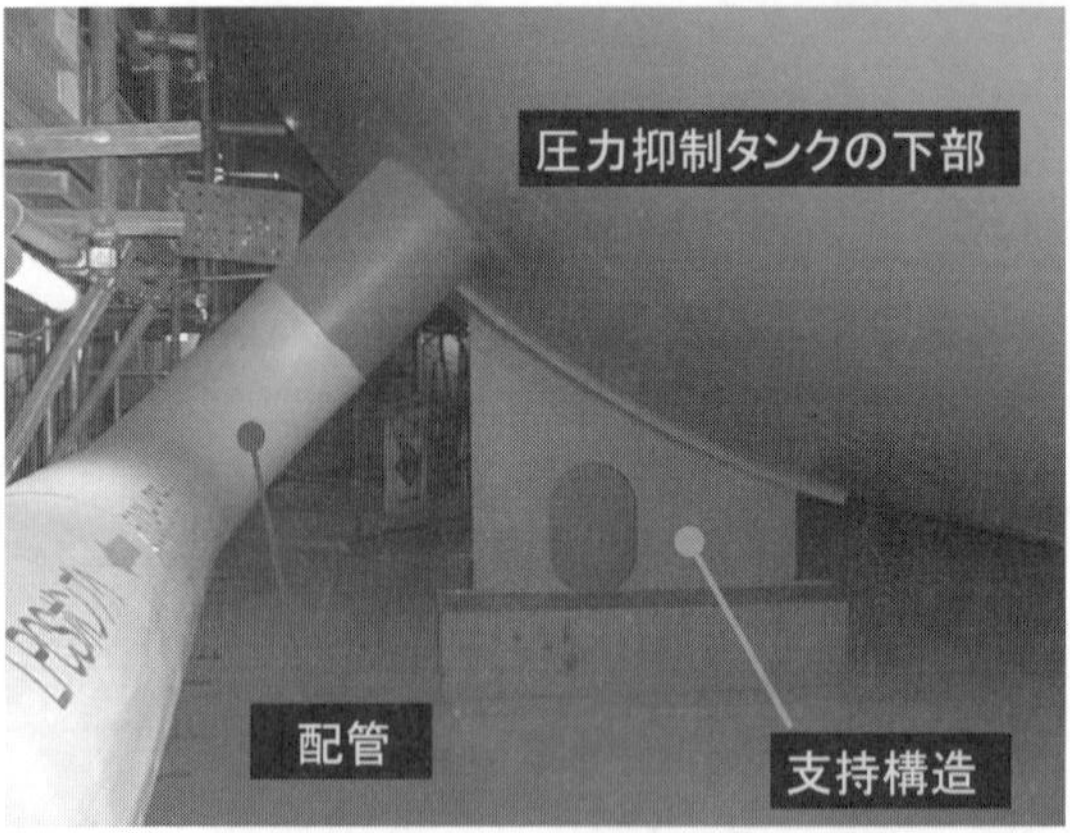

図 2―16　原子炉格納容器（マークⅠ改良型）
支持構造（原子炉建屋の床上）

＊図 2―15 ～ 17 は著者撮影

図 2―17　原子炉格納容器（機器搬入用ハッチ）

図2—16は、圧力抑制タンクの下の支持構造です。図2—17は、格納容器の中に入る入口、ハッチです。大きなハッチの蓋を開けて中に入りますが、再循環ポンプなどが少し見えます。運転に入るときは、閉じて、水素爆発を防ぐために中に窒素を封入して、運転に入ります。

格納容器ベント

図2—18です。事故のとき、蒸気が出て、SR弁（主蒸気逃し弁）が噴いて、圧力容器の中の蒸気を逃がして矢印のように出たときに、水の中で噴くと、蒸気を凝縮するだけではなくて、放射性物質も大分この水の中に取られます。これはプールスクラビングといいまして、放射性のヨウ素などはかなりここでトラップされる、つまり取られます。ですから、水にいったん通してから出せば、本当は放射能が、全部消えるわけではないんですが、相当減ります。数十分の一くらいまで取れる場合もありますが、ゼロになるわけではありません。

これを、ウエットウェルベントといいます。図2—19が系統図です。格納容器の通常のラインは、下の方の矢印で示してある通

図2—18　ウエットウェルベント

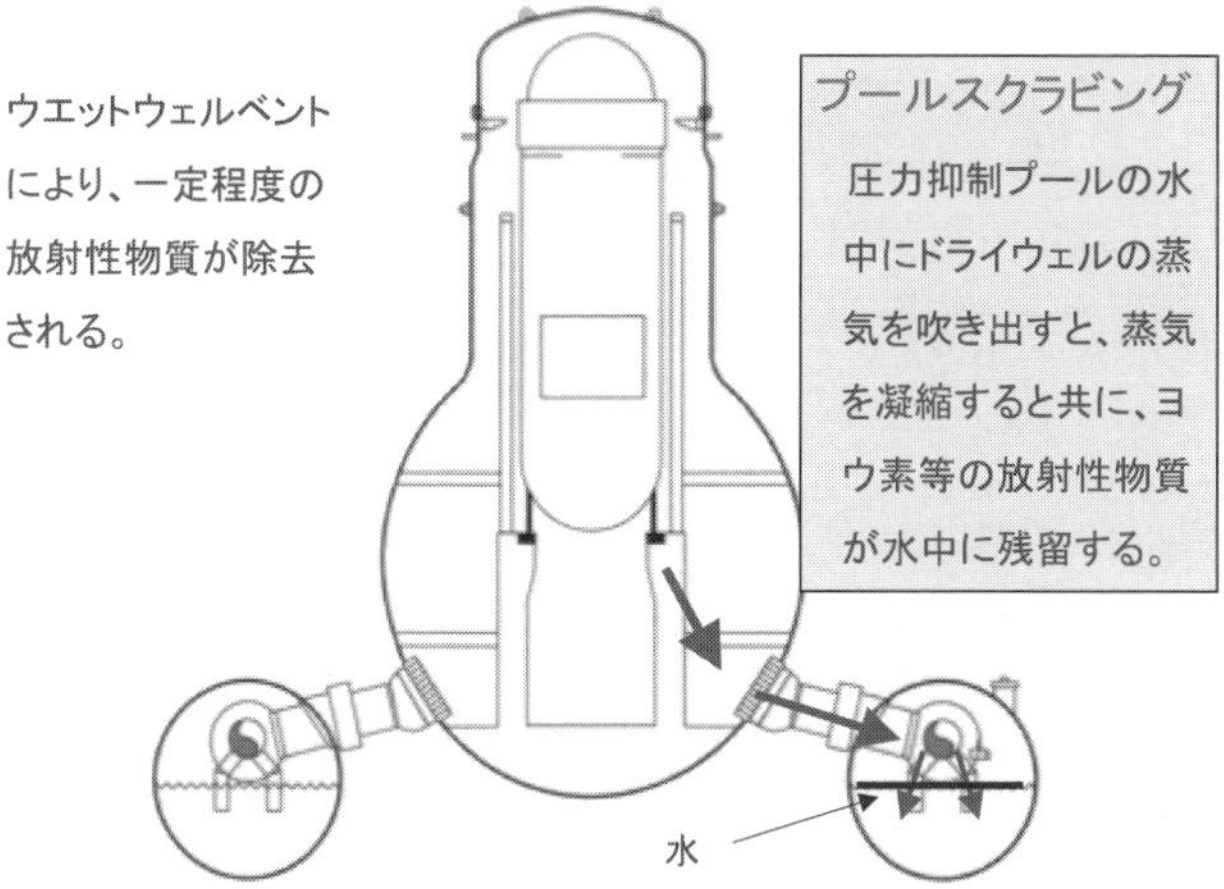

ウエットウェルベントにより、一定程度の放射性物質が除去される。
プールスクラビング
圧力抑制プールの水中にドライウェルの蒸気を吹き出すと、蒸気を凝縮すると共に、ヨウ素等の放射性物質が水中に残留する。
水

図2—19　格納容器（耐圧）ベント

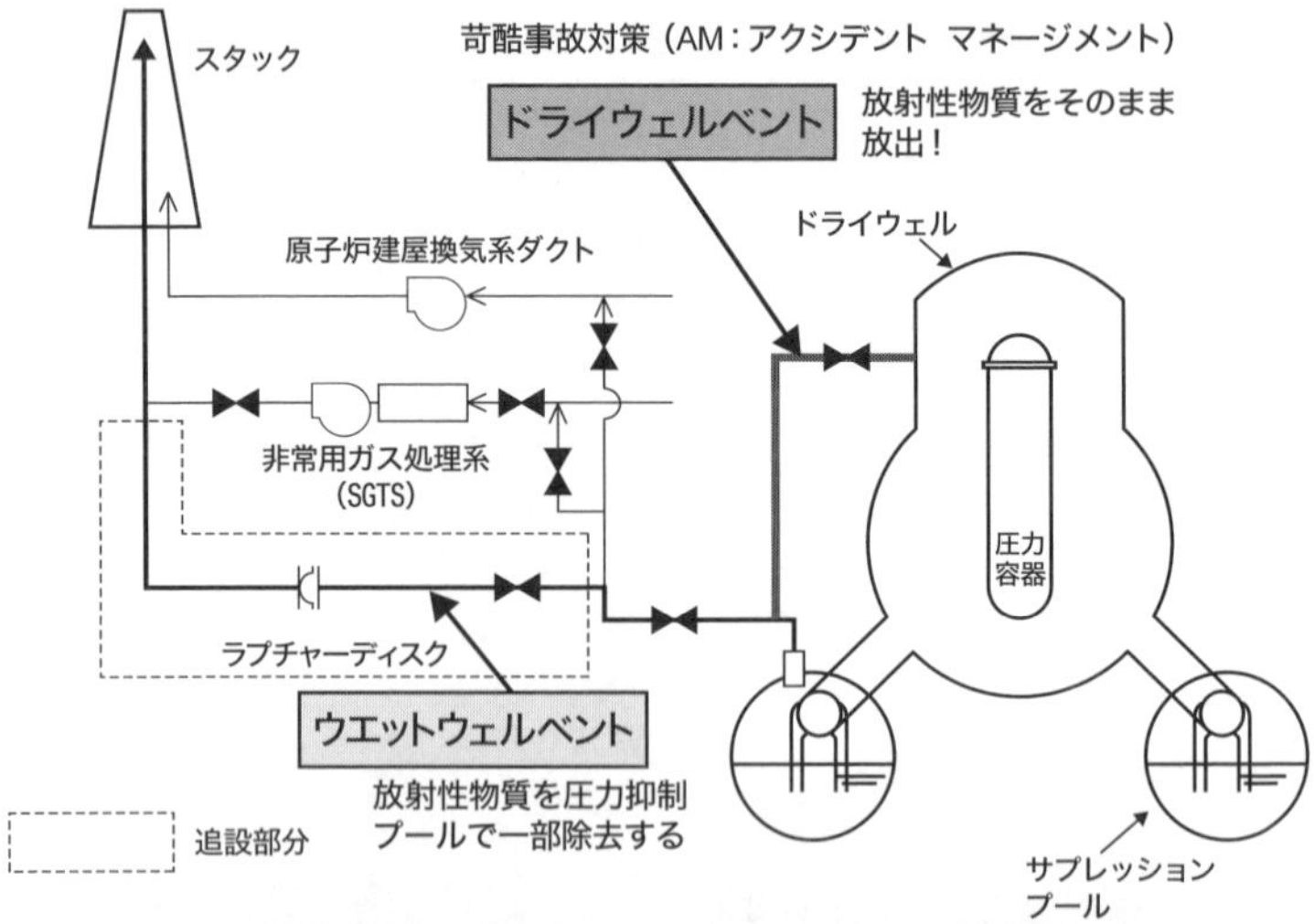

格納容器（耐圧）ベント

りで、このように出します。非常用ガス処理系統があり、非常に少ないレベルの放射能であればここのフィルターで濾せます。しかし本当に微量しか濾せないので、今回の福島事故のような苛酷事故のときには、耐圧ベントといって、大きなバルブでバッと出します。非常に丈夫なダクトです。バルブを開くと、ラプチャーディスクがボンと抜けて出るようになっています。

ウエットウェルベントでは放射性物質が若干、場合によってはかなり取れますが、先日問題になったのは、「ウエットウェルからベントしようと思ったが、できない可能性がある。そのときにはドライウェルベントをする」と言ったことです。これは、図で示してあるドライウェルベントのルートで、ダイレクトに出すということです。つまり、原子炉はどんどん燃料が損傷して、放射能がどんどん出ていますから、原子炉の放射能をそのままダイレクトに出します、と言ったんです。「ウエットウェルベントをします。だめなときには、ドライウェルベントをします。そのときには、一桁ぐらい放射能が余分に出ます」――こういう表現でさらっと言っていたんです。原子炉本体から出すんですから、本当に一桁か、と私は心配したんです。

実は、途中でドライウェルベントをやっているんです。そのタイミングと、中の状態によって、現在の放射能汚染の度合いが決定されています。つまりベントと水素爆発による飛散、大体それで決まっているんです。そうすると、ベントはもうやむを得ない、爆発させるよりましだという相対的なものであって、これが決定的だということはご理解いただけると思います。

まとめますと、格納容器というのは、事故の時に放射性物質を「閉じ込める最後の壁」です。原子炉につながる配管が切れて蒸気が出ても、格納容器の圧力抑制プールで凝縮(体積を小さくされ圧力が落ちる)され、格納容器の圧力・温度は設計条件（一三八℃、約四気圧）内に収まります。しかし炉心が損傷すると、格納容器の圧力・温度が上昇し破壊してしまうので、しかたなしに格納容器の放射性物質を含んだ蒸気・ガスを放出（ベント）する。けれどもこれは、「意図的に放射能を撒き散らすことになる」――ということです。これが、格納容器ベントです。

井野先生が編集された『徹底検証 21世紀の全技術』という本に、私は池田というペンネームで書いているんですが、ここで事故について書いたことを引用します。「格納容器のベントをいつ開くか――究極の選択その二」という一節です。「その一」は冷却に関すること、蒸気爆発に関することです。

「事故の進展に伴い、格納容器内の圧力・温度が設計条件を超えてそのまま上昇すると、格納容器が爆発してしまう。そこで炉心溶融時に格納容器の圧力を逃がすため、〝格納容器ベント〟をせざるを得なくなることがある。大量の放射性物質を外部に出すことになるので、〝格納容器の自殺〟を意味する。運転員は、格納容器ベントをいつするかということが究極の選択になる。チェルノブィリ事故の後、〝日本の原発は格納容器があるから安全だ〟ということが言われたが、それは間違いだ。シビアアクシデントでは、格納容器も破壊されてしまう」。(『徹底検証 21世紀の全技術』現代技術史研究会編、藤原書店、第一五章)

まさにこの事態が、そのまま起こってしまいました。

普通、技術というものは「フェールセーフ」といいまして、安全側に持っていくように努力をするんです。安全が成立していれば、その技術は相当なところまで許容できるんです。ところが、ベントするということは放射能を出すんですから、この場合は安全が成立しないわけです。といって、閉じ込めておくと爆発するかもしれない、これはもっと危険です。つまり、安全かどうかという観点から言ったとき、これはもう究極の選択になっている。それが原子力技術であると、私は理解しています。

冷却の問題——福島原発の現状

この究極の選択は、同じく冷却についてもあります。井野先生のところの図を見てください（三九頁**図1—9**）。水がタービン建屋にたまっています。格納容器が破壊していますので、どこからか漏れてきてここにたまるというのはあり得ます。今、海側で汚染水どうこうということをやっていて、それは重要ですが、本当はサイト内でどう止めるかが問題です。ここで止め切れないので対症療法でやっている、というのが事実です。

図2—20と**図2—21**、福島第一原発の写真を見てください。これらを見ると、チェルノブィリを思い出してしまいます。ただ、チェルノブィリは原子炉本体が飛んでいますが、こちらの場合には原子炉本体と格納容器は残っていますから、それは全然違うんです。それは誤解なきように。

私が愕然としたのは、**図2—21**、四号機です。例の使用済み燃料プール——一三〇〇体も入っているあのプールがあるのは、この破壊されているあたりの高さなんです。そうするとプールそのものが相当ダメージを受けている可能性が高い。本当に水が入っているのか、冷却できるのかと、非常に心配しています。もしかしたら穴が開いていて、水を入れても外に出て、ちょっと水を絞った途端に水位が減る関係になっている可能性がある。それを恐れています。

図 2—20　福島第一原発の３号炉、４号炉

図 2—21　福島第一原発の４号炉

図2—22　シビアアクシデント（苛酷事故）

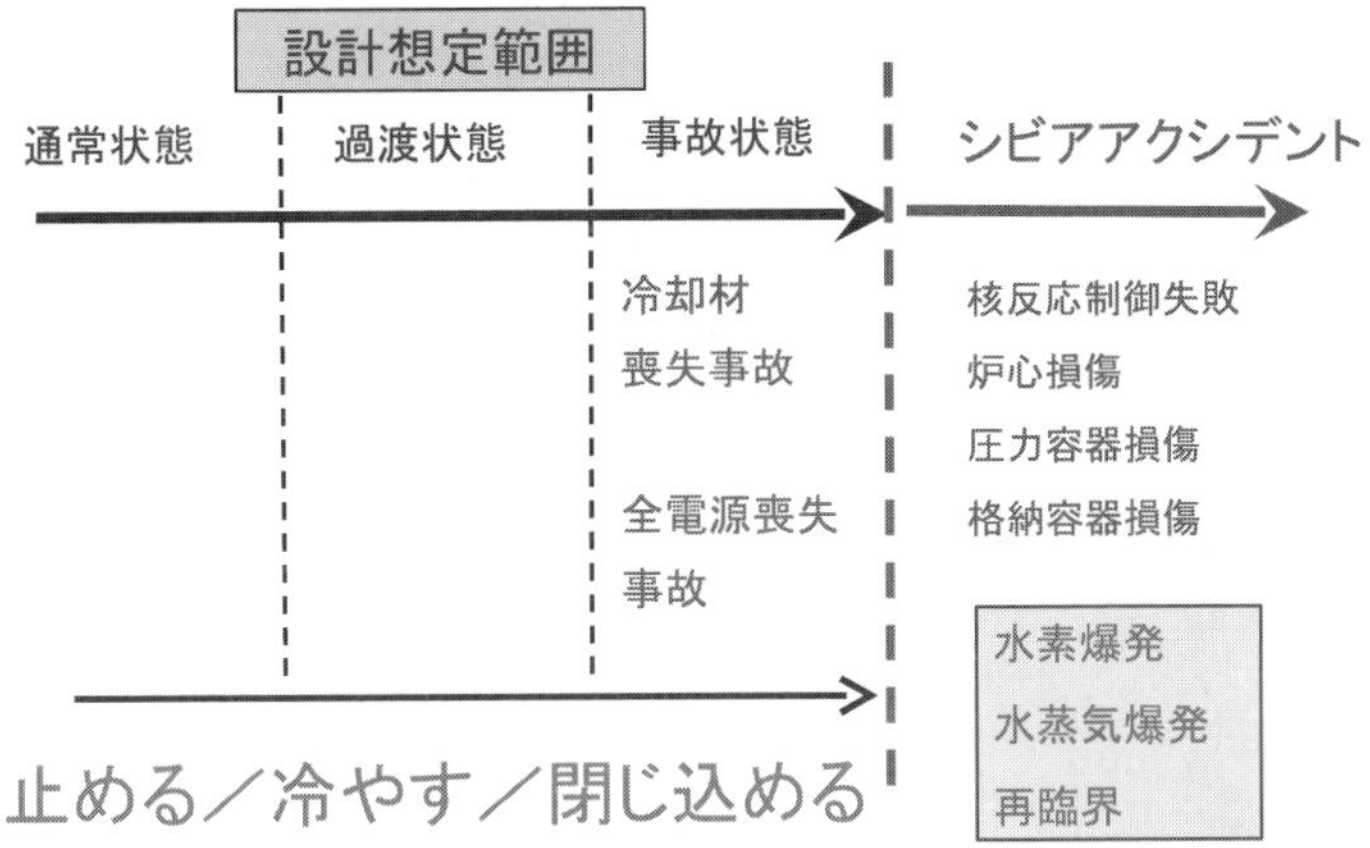

シビアアクシデント（苛酷事故）

いま、津波の規模は「想定外」と言っています。しかし、格納容器は事故を想定しています。図2—22です。格納容器の設計思想としては、①通常の状態があって、そして②異常な状態への過渡状態があって、それが③事故状態につながります。例えば冷却材が失われる、全電源が喪失する、こういうシナリオに対して、事故状態のところで「止める」「冷やす」「閉じ込める」を行う——これが、原子力プラントの設計思想なんです。この「事故状態」というのを入れているのが、原子力の特徴です。

よく「原子力は安全だよ」と言われます。つまりある事故、例えば冷却材が失われてくる。そうすると緊急でＥＣＣＳ、非常用の冷却ポンプが働いて大量に水を入れるようになっているから、炉心は〝必ず〟水で満たされる。〝必ず〟水が入るようになっている、それがこの事故状態の下のラインの意味なんです。

それが突破されたのを「シビアアクシデント」と呼んでいます。ここを超えるというのは、核反応の制御失敗、炉心損傷、圧力容器損傷……こういうものです。そして、水素爆発、水蒸気爆発、再臨界……このような、もろもろの激しい状態が起こります。

図2—23は、溶融炉心の挙動の図です。④「格納容器の底部を破って外に出る」、これをチャイナシンドロームと言っています。格納容器メルトスルーというのは、溶融物が流れてきて、たらたらと行って格納容器シェルを溶かします。これを「格納容器シェルメル

図 2—23　苛酷事故時のシナリオ

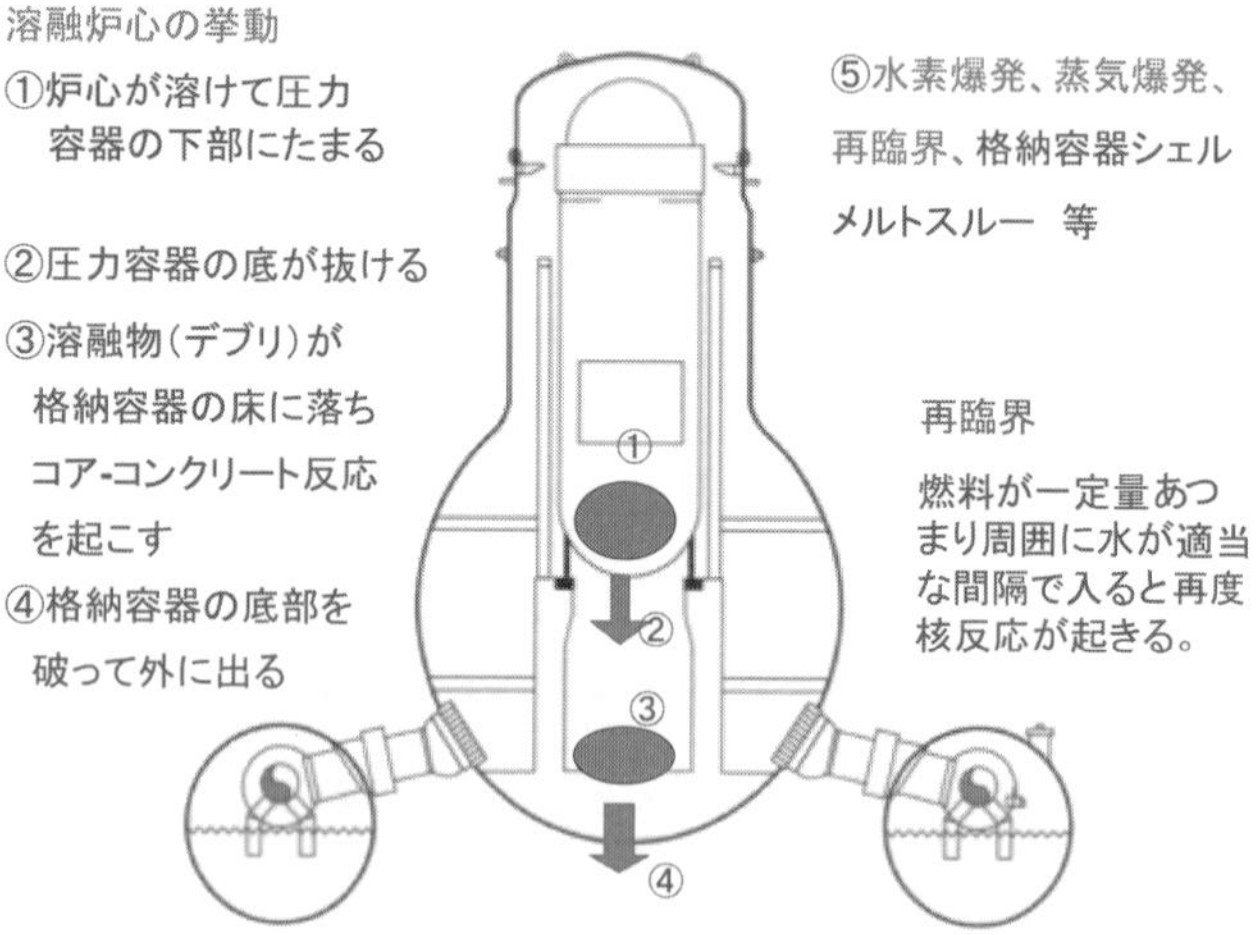
溶融炉心の挙動
①炉心が溶けて圧力容器の下部にたまる
②圧力容器の底が抜ける
③溶融物（デブリ）が格納容器の床に落ちコア-コンクリート反応を起こす
④格納容器の底部を破って外に出る
⑤水素爆発、蒸気爆発、再臨界、格納容器シェルメルトスルー　等
再臨界
燃料が一定量あつまり周囲に水が適当な間隔で入ると再度核反応が起きる。
①
②
③
④

図 2—24　水蒸気爆発

火山で溶岩が水に接すると水蒸気爆発を起こす。
⇒不確定性が大きい！

トスルー」と言います。Ｍａｒｋ―Ⅰ型格納容器の一番怖い、あり得ると言われる破壊モードです。実際の設計では、底に、溶融物が流れてきたのが止まるように堰を設けている設計を、少なくとも一部のプラントではしています。

図2―24は、水蒸気爆発した火山の写真です。冷やす途中で水を入れると、水蒸気爆発を起こします。水蒸気爆発とは、火山で溶岩が水と接したときに爆発する、物理的な爆発です。非常に高温の液体と非常に冷たい液体、温度の違う液体が、細かく分離した状態で接しますと、高温の溶融物の外側の水が、瞬間的に、蒸発します。その容積が一気に数百倍の規模になりまして（水が水蒸気になると約一六〇〇倍になる）、一瞬にして爆発する。これを水蒸気爆発といいます。これが起こるのは、火山爆発と、溶融金属を扱う金属関係の製鉄所などです。間違って溶融金属を流して、そこに水たまりがあったら爆発してしまうので、絶対そうしないように管理します。それが安全管理の考え方です。原子力では、それが原子炉内、あるいは格納容器内で起こるというのが、脅威なんです。

どのように考えるべきか?

これまで申し上げたことを、以下のようにまとめました。

・まず、炉心が長期にわたって水面に出ていれば、損傷は相当なものになります。発表によると、溶融は起こっていないとか、損傷だとか、そういう言い方をしています。言い方はどちらでもよろしいですけれども、私は、特に一号機は、原子炉の温度上昇と圧力上昇を繰り返しているので、相当な状態になっている、ぐしゃぐしゃになっていると理解しています。格納容器の温度・圧力の監視が重要です。

・格納容器は、設計条件（三・九二kgf／cm²、一三八℃）を超えている可能性があります。特に温度条件が重要です。そして、格納容器は、設計条件の二・五～三倍程度の圧力、あるいは二五〇～三〇〇℃の温度でリークします。しかし、格納容器の温度データは全く出されていません。格納容器内の圧力・温度がリーク限界または破損限界に達すれば、大量の放射性物質が環境に出る可能性があります。

・圧力抑制プールのプール水温が上がって、一〇〇℃を超えると、圧力抑制機能を失います。

・格納容器ベントは、放射性物質を外部に出すことで、本来は許されないことです。しかし、格納容器が破壊すると、より汚染が進むので、やむをえない選択ではあります。特にドライウェルベントは格納容器内の放射性物質をそのまま外気に出すことになるので、さらに汚染を拡大します。

・映像から見ると、四号機、三号機の使用済み燃料プールが損傷している可能性があります。

・炉心の冷却は、今後ともしばらくは一進一退を繰り返すと思われます。一九七九年の米国スリーマイル島原発事故では、炉心を調べるのに一〇年以上を要しました。福島原発でも、炉心を見ることができるのは、七、八年以上先のことになるでしょう。

炉心が冷却されているか？

いま心配しているのは、どう見ても、冷却がうまくいっていないのではないかということです。これは私だけではなくて、複数の人たちの議論があります。その中で、ある人が指摘されたので、あえて使わせていただきました。**図2—25**です。水をジェットポンプで、左側のラインから入れるんですけれども……。

図2—26、原子炉容器です。再循環ポンプ、再循環系というラインがあるんですが、今は停止しています。外側の別のところからつないで給水しています。①から②へと水を入れているんですが、冷やしたいのは「炉心（燃料）」と書いてある、この右側なんです。ここを冷やしたいんですが、水を入れますと、③のようにたまってきます。たまり続けて、水位がBのところまで上がらないと、⑤から入って⑥、⑦、⑧と炉心のところまで流れないんです。こういうふうに推測されるんです。

しかし、Bより上まで満水になればいいんですが、もしかするとBより下の場合、特に下部に漏れなどがあった場合、③にたまっても、漏れて⑤から⑧に入ってこないという可能性があります。そうすると、炉心が全く冷えないという可能性があるのではないかとい

図 2—25　炉心が冷却できていない？

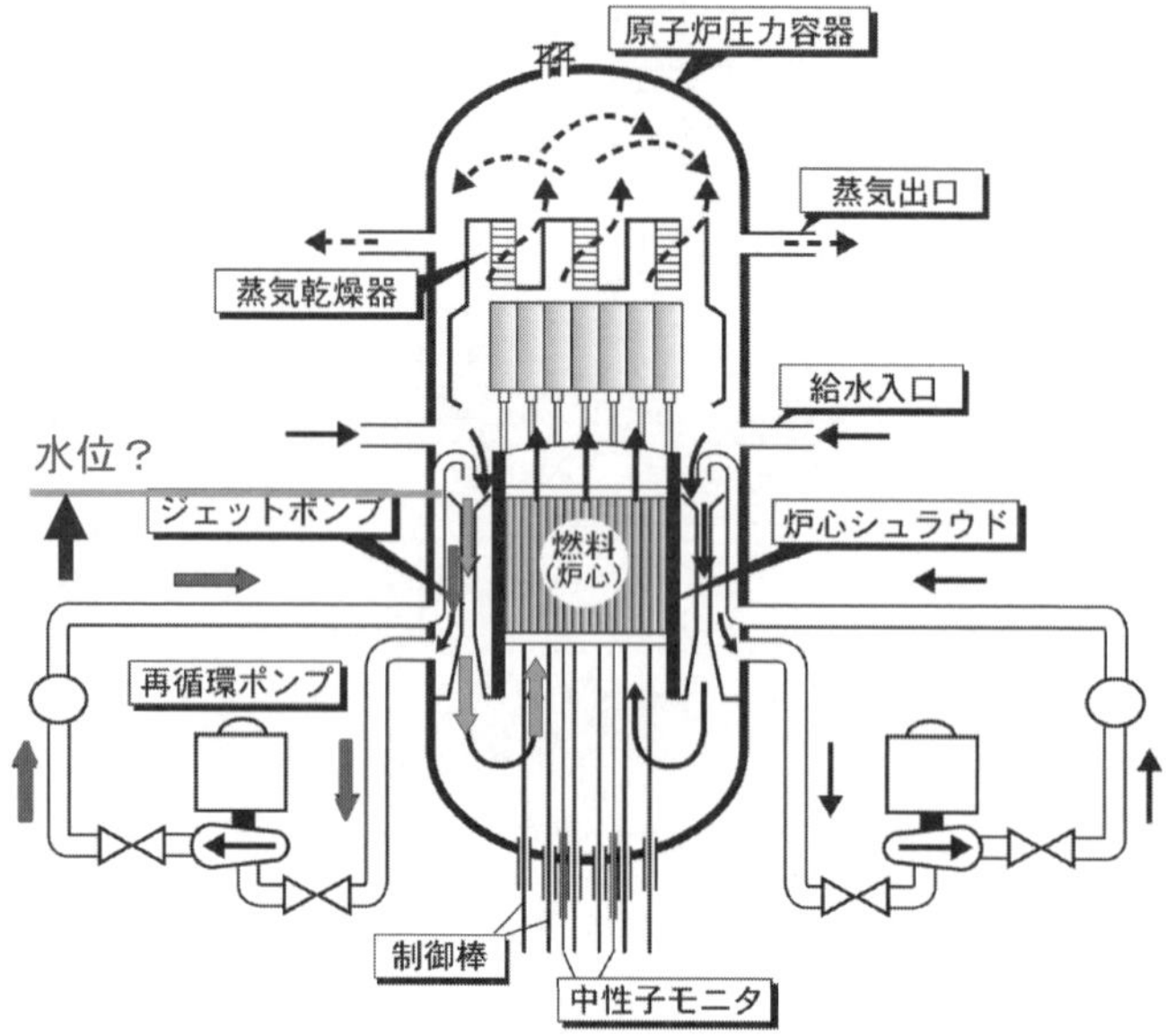

上澤千尋氏（原子力資料情報室）提供

図 2—26　炉心に水が入るか？

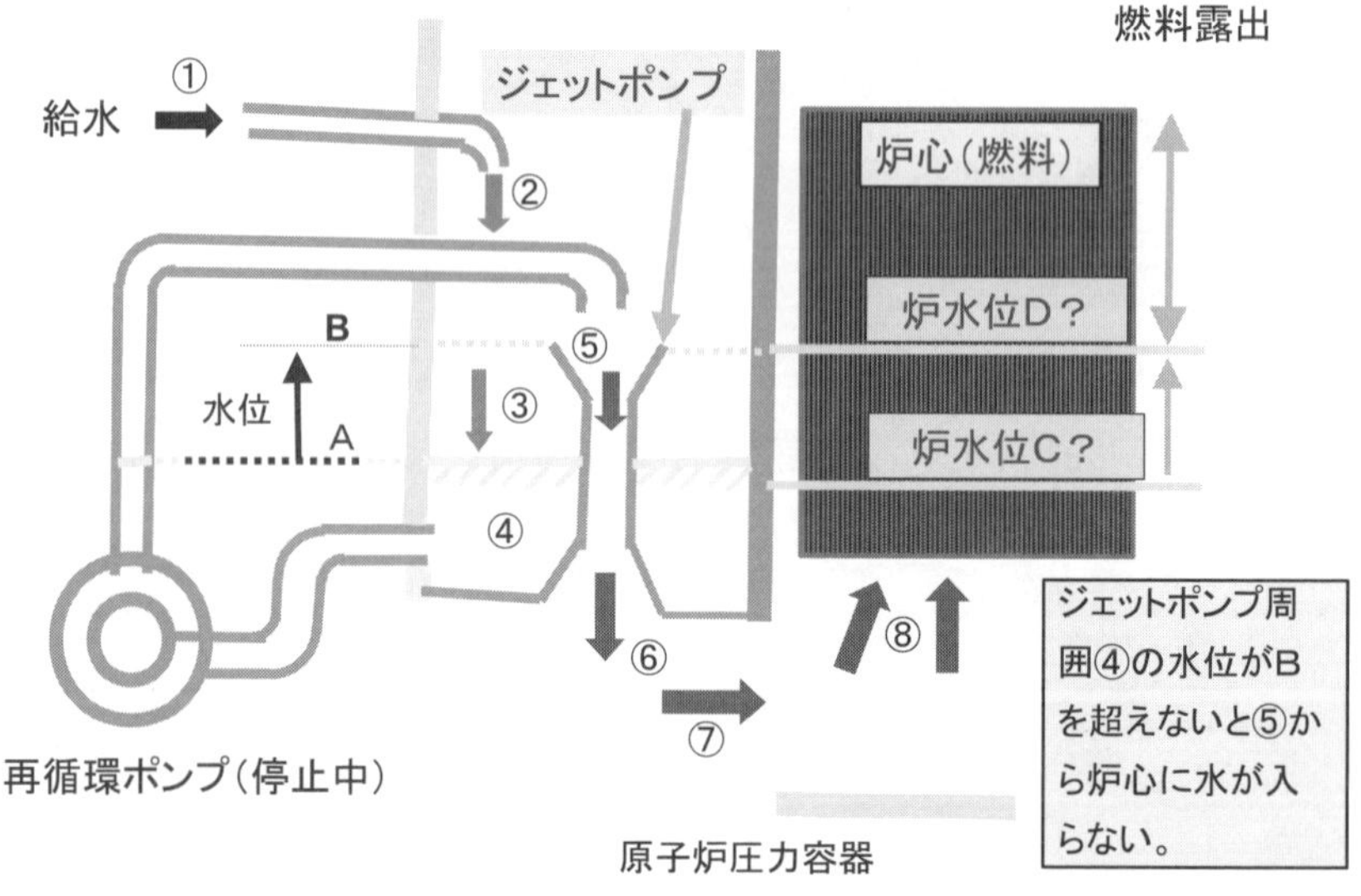

う危惧をしています。これはあくまで推測ですが、そういうことになりますと、冷やすことができないということを意味してしまうんです。そうしたことを非常に危惧しています。

Ⅳ 「安全」とは何か

今後の課題1――汚染水の処理

このように、課題だらけなのですが、整理します。

まず、汚染水です。タービン建屋地下およびピットの汚染水の漏洩箇所の特定と止水処理。しかし、漏洩経路の発見と止水は極めて困難です。すでに格納容器は一部機能を失っており、原子炉から大量の放射能を含んだ水が出続けています。その量は原子炉の状態に依存しているのですが、先ほどもあったように、米軍のバージ、あるいはメガフロートなど、船舶、海洋構造物を使って一時的に保管するということを、私も提案していました。もともと私は海洋構造物をやっていたものですから、即、思ったのは、とにかく大きなタンクをもってこれないかということです。船は、その場合、一番大きい容器なんです。人間が作ることができるもので、しかも既にあるわけですから、それを持ってくればいいと主張していました。

ところが、その途中で、低レベルとはいえ放射性物質を含む汚染水を海へ出したでしょう。あれは実にひどい。高レベル汚染水を入れるところがないから、やむを得ず低レベル汚染水を出しますと言いました。しかし、その段階で、汚水がいっぱい出てくるのはもうわかっているわけですよ。それを陸上ですぐ処理できないこともわかっているんですから、船、バージをいっぱい手配してやっておけばいいわけですよ。日本は、そういう造船の技術があるんですから。何万トンといっても、船屋から見たら大したことはない。船は一隻数十万トンある、一〇万トンタンカーなんてざらです。

また、ある人が、喫水が深いからそういう船はあそこに行けないと言ったんです。しかしそんなことはない。浅いバージを持っていって、それに移しかえるだけのことです。高濃度の汚染水は慎重にあつかうべきですが、低濃度であっても周囲にもれ続けることは防ぐべきです。しかしそういうことすらも、やらないでおいて、海へ汚染水を放出したというのは、国際的に非難されても当たり前です。私は絶対におかしいと思います。

今後の課題2——自然環境条件の〝安全〟に関する考え方

基本的な考え方について申し上げますと、原発は地震、津波の設計に極めて甘いと思っています。新潟県中越沖地震では柏崎でも想定の二〜三倍の揺れがあり、他のプラントでもそのような例がたくさん出ています。浜岡では五号機が、一つの地震に対して他の号機と揺れ方が何倍も違いました。なぜかというと、地中に性質の違うところがあったというわけです。揺れがあまりにも違うので、調べたら異なる地層があったと言っているんです。ということは、設計した時点、審査した時点でわかっていません。いま全国にあるプラントについて、そういう局所的な事情はわかっていないんです。にもかかわらず、それが地震動に大きく影響しているんです。

そうすると、私の工学的判断では、現在の二倍から三倍の地震動を入れろというのが、私の主張です。今あるもの、すべてについてです。それぐらいまでやらないとまずいというのが、私の直感です。原発の自然環境条件に〝想定外〟というのは許されません。そういう条件でやれば、設計する側としては、構造設計というのは何とかするだろうと思います。しかし、今はそういうことになっていません。

それと、〝安全側〟に関する考え方です。地震や津波などの振動現象は、波の屈折・解析・増幅・減衰などさまざまで、大きな不確定性があります。ですから、十分な〝安全側〟の値を設定すべきです。特に、学者の間で論争があった場合、いかにして安全側になるかを確認することが重要です。

それから、シビアアクシデント対策が形ばかりです。特に心配なのは、津波と地震の関係です。しかし、津波の対策をするというのは、シビアアクシデントに至るたくさんの道筋の中の、一つなんです。シビアアクシデントになるプロセスの中に、津波というのはありますが、津波によってシビアアクシデントが起こるというだけではなくて、他の要因――地震もありますし、また例えばある機器が壊れたときとか、ある人がミスをした場合などを組み合わせていく。そうすると、幾らでもシビアアクシデントは起こりうるんです。その対策等の関係はどうなっているんでしょうか。

つまり、対策というのは、今あった事故に対して対策をしているのでは、原子力は全然だめなんです。数多くのシナリオの一つの現象に対してやっただけでは意味がないんです。もちろん津波や地震というのは影響が大きいですから、そういう意味で重要ですけれども、全体の中のある一部を言っているにすぎないんです。他のことも起こり得るんです。対策が全くできているとは言えない、というのが、私の意見です。ですから、「シビアアクシデントというのは絶対に起こり得ない」というところまで対策を追い込んでいけば安全性を議論してもいいですけれども、起こり得るということを残したままやるのは、私はおかしいと思っています。

したがって、特に地震・津波が相当危険と思われる浜岡や柏崎刈羽の原発は、そのまま運転すべきではない、と考えています。

図2—27　安全性の考え方（グレーゾーン問題）

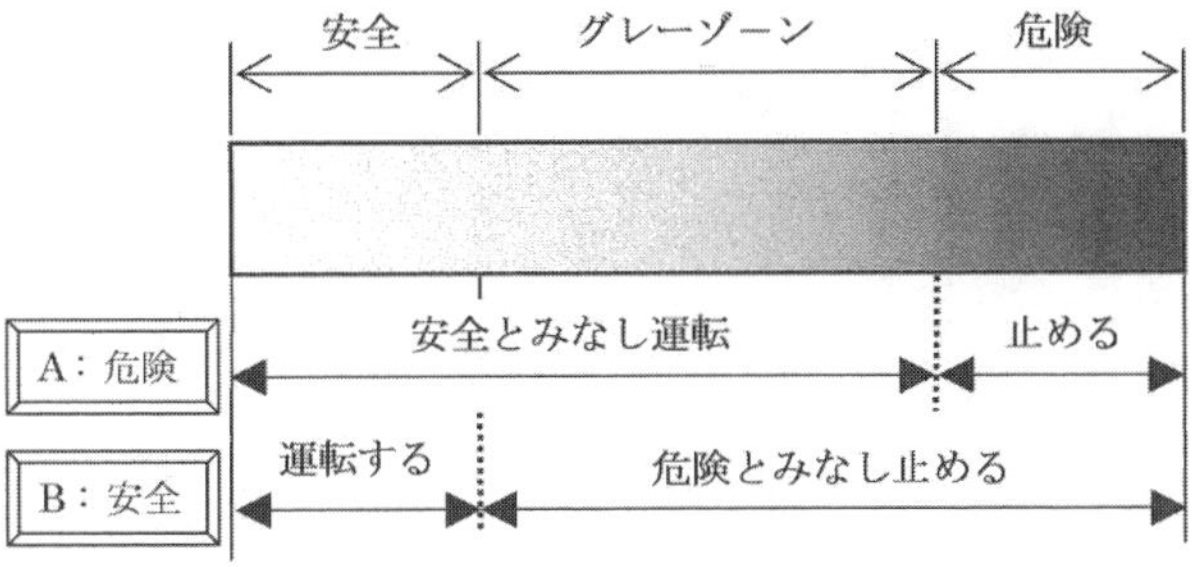

グレーゾーンと危険か安全かの解釈

安全性の考え方――グレーゾーン問題

安全と危険についての考え方には、一つ、こういうものがあります。物が壊れる・壊れない、放射性物質を浴びる・浴びない……いろいろありますが、安全かどうか、危険かどうかということを一般的に考えますと、安全だと確認できる場合はいいのですが、確認ができないことがどうしてもあります。多分安全だろうよ、ぐらいしか言えないことがですね。これをグレーゾーンといいます。これはさすがに危険だと分かったら、動かす人はいません。危険ですから、止めますね。これは明らかです。

今、原子力では、こういうときには必ず危険だという要素はない、じゃあ運転しましょうというのが今のやり方です。グレーゾーンで安全だと証明されていないけれども、危険という信号がない。だから、運転する、と。

図2—27を見てください。

産業界の安全をやっている人が、〝安全〟ということをどう考えるかというと、そんなのはとんでもないと言うんです。「安全であることが確認できたら、運転してもいい。この確認ができていないときには、危険とみなして止めるのが常識です」と。これは、ロボットでもみんなそうです。

死んだふりをしたロボットがいて――ロボットが急に止まるでしょう。そうすると、大丈夫かなと思って人がそのロボットに近づく。そのとき、どこかが壊れていたのが何かの拍子に立ち上がって、電流が流れていきなりバンと動いて、実際人がぶつかって死んでいるんです。そういう事故があるんです。ですから、そういう考え方をとってはいけないと言っているんです。どうするかと言ったら、電源を落として、絶対にそういうことのない状態を確保しないと近づけないように設計する。これは安全についての常識です。そういうことが、原子力では成立していないということが問題なんです。

つまり、原子力は安全だと言っていますけれども、その安全は完全ではないんです。多重防護というのをやっていて、ここに来ても、こちらに来ても、ここまで来ても、安全であるようにしている、でも最後に、少し残っていて、それはゴメンネという、そういう仕組みなんです。その「ゴメンネ」のところを、「ゴメンネ」で済むと思うかどうかが分かれ目だと、私は理解しています。多重防護というのは、事故の確率を減らすことで、皆無にはできません。

私と、原子力の安全性はこれでいいと思っている人たちの違いは、おそらくそこだと思います。そこについて彼らは、そんなものは起こり得ないと思っている。私は、起こり得ないとは思えない。想定し得る事故シナリオはいつか実現すると考えるのです。もしくは、起こったときにはおしまいだと思っているので、心配している。この違いです。

不確かな問題をどうみるか？——完璧なフェールセーフは可能か

地震、津波など、自然現象の不確定性には、多重防護が確立できていません。共通要因の故障がどうしてもあります。

それから、先ほども申し上げたように、津波はあくまでも〝ひとつ〟のケースです。他の事故シーケンスは無限にあります。

それとヒューマンエラーです。これも当然考慮する必要があります。物が壊れたり、人がミスをするというのは、これはよく言われることです。スリーマイル島事故でも人がミスをした、緊急の冷却装置を止めてしまったからおかしくなったんだという言い方をされます。しかし、そんなことはない。それは事故のプロセスの中で水位がわからなくて、十分水が入っていると思った、それ以上水を入れると圧力容器に荷重をかけるのでよろしくないと思って止めたわけです。それは、一つの判断です。後から見ると、それは間違っていたんです、本当は冷却の方を重視すべきでしたけれども、その運転員が運転員なりの判断をしてやったのが、結果としてヒューマンエラーだと言っているんです。

それがあたかも、後から、あれは運転員がミスしたから事故になった、とされてしまった。それはとんでもない話なんです。そんなことはない、事故というのは、すべてそういうものの組み合わせですから。今回も同じだと思っています。ですから、揚げ足取りはしたくないんです。ここのところでだれが何をやったかということは、本質的ではありません、瑣末なことです。

そうではなくて、そのプロセスの中で、人間のミスと機械のエラーが全部入った上で、結果としてフェールセーフができるか、完璧なフェールセーフ化はできない、その一点に尽きると私は見ております。

事故はまだ収束していない

繰り返しになりますが、事故はまだ収束していません。まずは、炉心冷却を続けること。特に一号機、炉心に水が入っているかどうか、ということですね。

それから、格納容器の損傷。特に二号機の格納容器の損傷位置と程度はどんなものだろうかということですが、格納容器の損傷によって、周囲に放射性物質を出し続けています。これは、大気、地盤、地下水、海水、あらゆる環境に対して考えなくてはなりません。

それから、使用済み燃料プールの冷却。これを確実にしなくてはならない。

最後に、冷却システムです。汚染水を生産し続けていますが、出してしまったものは先ほど申し上げたようなやり方でなんとか環境に出さないことを工夫するとして、冷却水を閉ループにして、汚染水を出さないようにはできないだろうかと、こういうことです。すでに漏れている部分をふさぐことが前提ですが。

図2—28　事故防止の考え方と対象技術の受忍

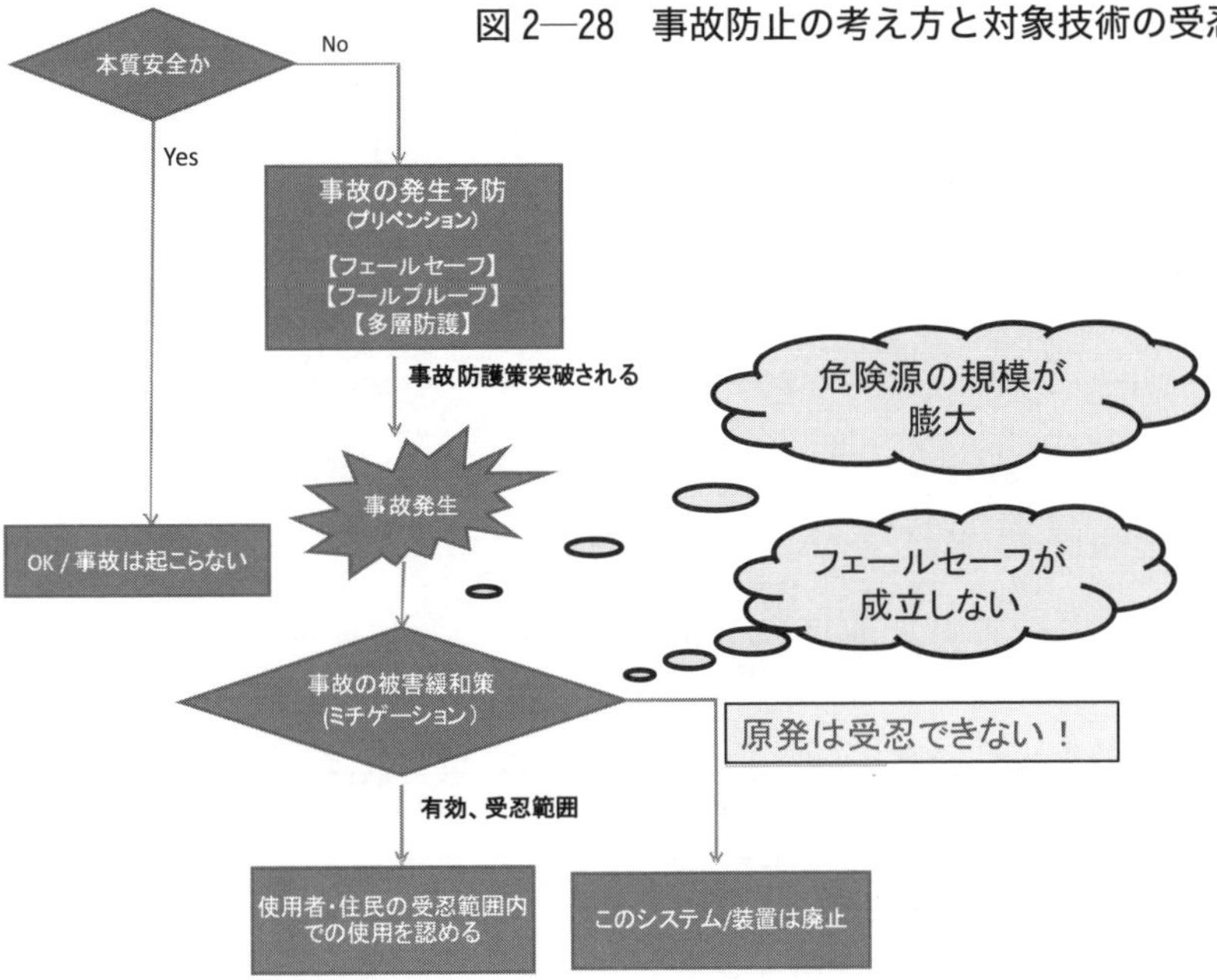

事故防止の考え方と対象技術の受忍

最後に、受忍できる技術について申し上げます。図2—28は、『徹底検証 21世紀の全技術』で、「事故」について考え、何人かで議論して作った図です。

「本質安全」といいまして、絶対安全が実現できるかどうか、ということです。例えば、六本木のビルの回転ドアの事故がありましたね。あの事故では子供が亡くなりました。あのときの議論では、センサーがあったから大丈夫だということになっていましたが、死亡事故になりました。つまり、センサーは働かないことがあるということです。働いても、動いて引きずられることがある、こういうことがわかりました。そうすると、何があってもセンサーが働くと考えるのが間違っていて、センサーが働かなくても安全にするという発想が必要になります。この場合でいうと、ぶつかっても死なないようなレベルのエネルギーに抑えるという設計をする。それが本質安全です。それが成立すれば、いいでしょうということになります。

それがだめでしたら、フェールセーフ、フールプルーフ、多重防護――つまりプリベンション、事故の発生予防です。事故が発生しないように、いろんな工夫をする。まさに原子力も、本質安全ではなくてこれをやっているわけです。

ですけれども、そうであったとしても事故が発生しうる、と仮定して、ミチゲーション――つまり事故の被害の緩和をするということが成立する。その結果、このぐらいならいいというレベルになったら、その技術はオーケーです。しかしここで、被害の大きさが許せない、となったら、やめねばならない。

そういう段階での判断を、いったいだれが決めるのか。電力会社が決めるのではありません、我々が決めるんです。そこに住んでいる人が決めるんです。この問題をやるときに絶対に忘れてはいけないのは、その当事者です。利益を受ける人と、被害を受ける人が一致しなければいけない。それがずれたらおかしい。ある人の利益のためにある人が被害を受けるというのは、あってはいけないことです。

ところが、リスク評価というのは、しょっちゅうそれをやっているんです。私は、許しがたいことだと思います。リスク評価というのは――例えばX線を浴びて被曝をするのはがんの確率を上げますけれども、それによって病気を早期発見するということを考えたら、しぶしぶしょうがないという——これは、自分個人の中でメリットとデメリットの比較になりますから、よろしいわけです。

しかし、自分がどうこうしたいために人が被曝するなどということは許されない。けれども原子力はそれをやっている。私は矛盾していると思っています。

＊二〇一一年四月十六日　於・明治大学駿河台キャンパス

第3章　放射線被曝の考え方

瀬川嘉之

放射線被曝の現状――医療被曝

皆さんのほとんどが、現在の福島原発事故の影響は、放射線に被曝することで現れる、と考えておられるでしょう。その放射線の影響というのがどういうものかというのは、実は大変見えにくいもので、今日は東京はぽかぽかといい日和ですが、それは、地震や津波の被害のことは別にして、福島にいてもそんなに変わりません。

この三月十一日の大震災以前にも、日本では放射線への被曝が大変多くありました。広島、長崎の原子爆弾もありましたが、「医療被曝」――病院の検査での被曝が、世界の中でも突出して多いことが知られています。

原子力資料情報室に事務局をおいている高木学校では、この七～八年、被曝のことを随分やっていて、その活動の一つとして、『受ける？　受けない？　エックス線　CT検査――医療被ばくのリスク』という本を出しています。先ほど後藤さんが、X線検査等は医療上必要があってすることもある、利益を受けるのは自分であり、被曝による害があるとしても自分であり、そのバランスで――というお話をされました。医療被曝は、そこにある病気を見つけたい、何か病気があって治療するために必要だという必要性、危険性があって、その上で受けるというのが前提になっています。しかし、実態はそうではありません。医療従事者が、放射線の影響についてほとんど知らず、医療行為上、必要だからやっている。放射線という点では同じなんですが、ＣＴもＸ線ということすら知らせない方がいらっしゃるのです。

医療被曝の場合でも、問題は放射線の量です。歯科の検査もありますが、最近多いのはがん検診などの検診です。病気があるかもしれない人が受けるというよりも、検診では十分健康な人がたくさん受けたりしています。その結果、がんが減るのにどの程度効果があるかというのは、実はかなりあいまいです。統計的に有意でないと、ないことにしたりしている今の現状からしますと、検診は統計的に有意な効果は表れていないので、全く意味がないとも言える。意味のない被曝をたくさんしている。せめて検査を受けるごとに線量を記録しましょうということで、記録手帳をつくって配布するという活動をしています。病院で、今度の検査の被曝はどれぐらいですかと聞くことで、お医者さんの方も少しは意識してもらえるのではないかということもあります。

原子力もそうですが、医療の世界は専門分化しています。ですから、多くのお医者さんが放射線のことを知らないというのは、それは放射線科にお任せになっているからです。放射線科に放射線防護の専門家がいたとしても、そのような専門家は、放射線は低い線量では全く影響がありません、安心してくださいと言っております。私は別に医療の資格も何も持っていないんですが、このような活動をしている関係上、関係する学会、例えばＩＣＲＰ（国際放射線防護委員会）の勧告が改定されたりした時の会合は一応開かれた形になっていますから行って、いろいろと話を聞きます。防護の専門家が一般の方に言うときには、パニックになったり心配させてはいけないという意味で「安心ですよ」と言っているのかと思いきや、そうではありません。ＩＣＲＰの改定の場では、日本の専門家が海外の専門家に対して、「安心と言ってください」とか「一〇〇ミリシーベルト以下では影響ないということにしてください」というようなことを言っております。

私は、先ほどの後藤さんの話を聞いて初めて、放射線は危険だという前提ですべてを行っている方からのお話を聞いたような気がします。福島では、県が何とかアドバイザーという方を雇って、放射線は安全ですよという話を大変上手にされているそうですが、安全ですよと言われるとますます心配になる方も多いらしく……。

さて、今回の事故に伴う放射線被曝の考え方です。福島原発事故に伴う大気、土、海――特に今、海の方は大変心配です――、それから食べ物、飲み物の汚染の概要について、基本的なところをお話しします。私はそんなに新たな情報、詳しい情報を持っているわけではございませんが、今はインターネットや新聞情報でこの点はかなり詳しく出ております。

それから、飲み物、食べ物の方については規制値というものがありますので、それをもう一回おさらいして、最後に、放射線防護の基本的な考え方をお話ししたいと思います。

I　汚染の概要

どのような形で被曝するか――予測が大切

図3―1は、今回のような事故の場合、どのような形で放射線に被曝するかということを模式的に示したものです。雨が降ると落ちてきて被曝し、それが地面に残り、そこからも被曝する。また農作物にも落ちたり、牧草を食べている牛がいるので、それらを経由しての被曝もあります。北風が吹くと、福島原発から二〇〇キロ以上離れた東京まで到達し、三月十五日、二十日あたりには結構来ています。その前と後を比べると、空間線量で二倍ぐらいになっています。

先ほどの井野さんのお話に出た、あまりスピーディでないＳＰＥＥＤＩですけれども、正式名称は緊急時迅速放射能影響予測です。つまり、予測のシステムです。飯舘村までかなり多いという話でしたが、それはこの周辺の事後の測定結果から、事後評価に使っただけで、本来は予測のために使うものです。

図3—1　原発事故による放射性物質の拡散

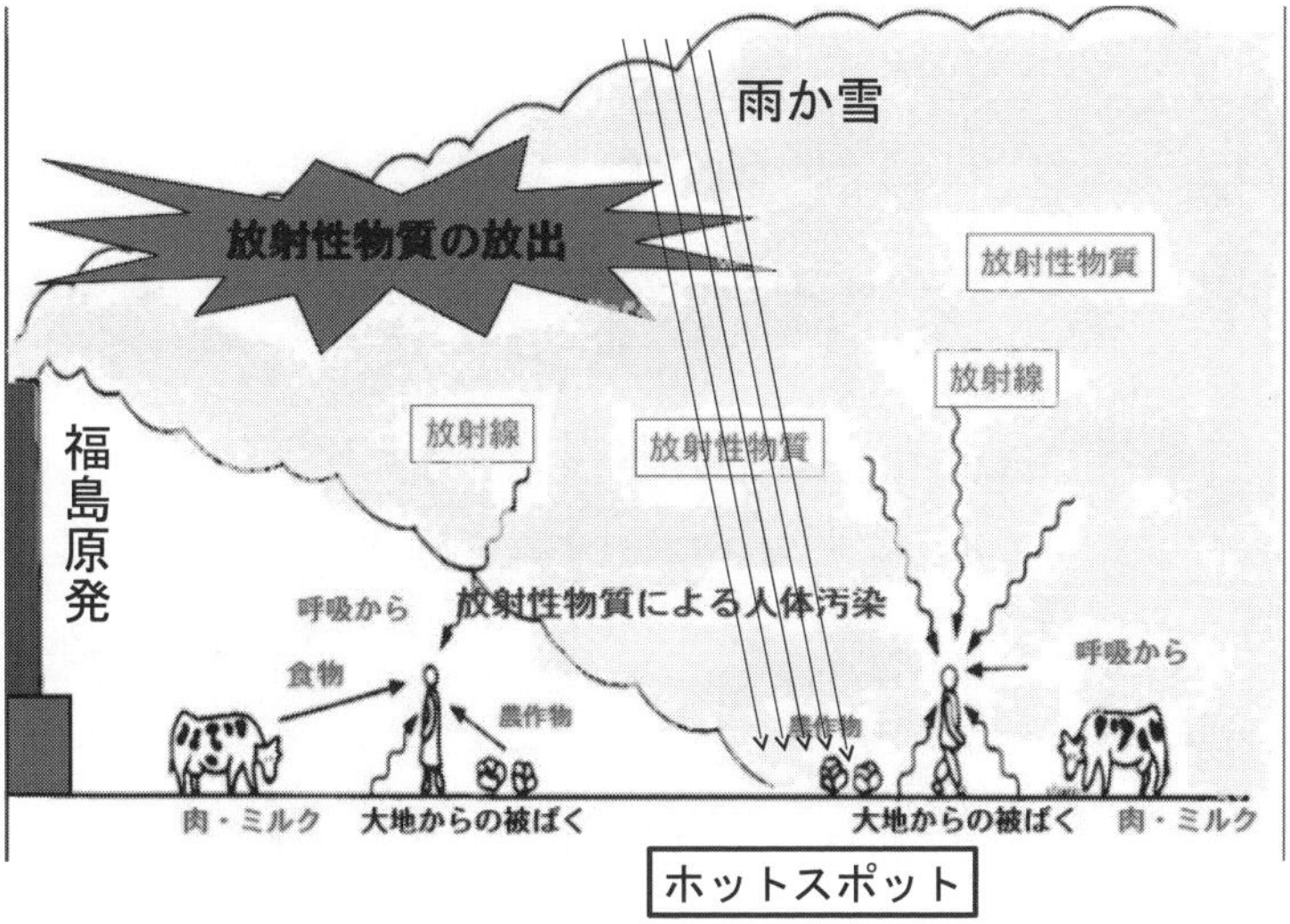

放射線防護については、もちろん予測が大事です。線量計で測定するのが大事といいますけれども、測定したとき、線量が上がったというときには、もう来ているわけです。特に、福島周辺、原発の近くの場合、予測の方が重要です。東京の場合は、それからゆっくり考えてもいい面はあるかもしれませんが……。これは何億円もの非常にたくさんのお金をかけて作っておかれたものですが、全く機能しませんでした。

雲が風に流れたりして広がっていったり、ここで何かまた新しい事態が起きると、そのときの風向きによって、流れて来るという状況です。

外部被曝と内部被曝

図3—2を見てください。被曝には、大きく分けて、外部被曝と内部被曝があります。医療被曝はほとんどX線ですので、外部被曝ですが——一部核医学といって、内部被曝もあるんですが——、今回の事故の場合には、飛んできた放射性物質が入った食べ物を取り込んだり、吸い込んだりして体の

図3―2　外部被曝と内部被曝

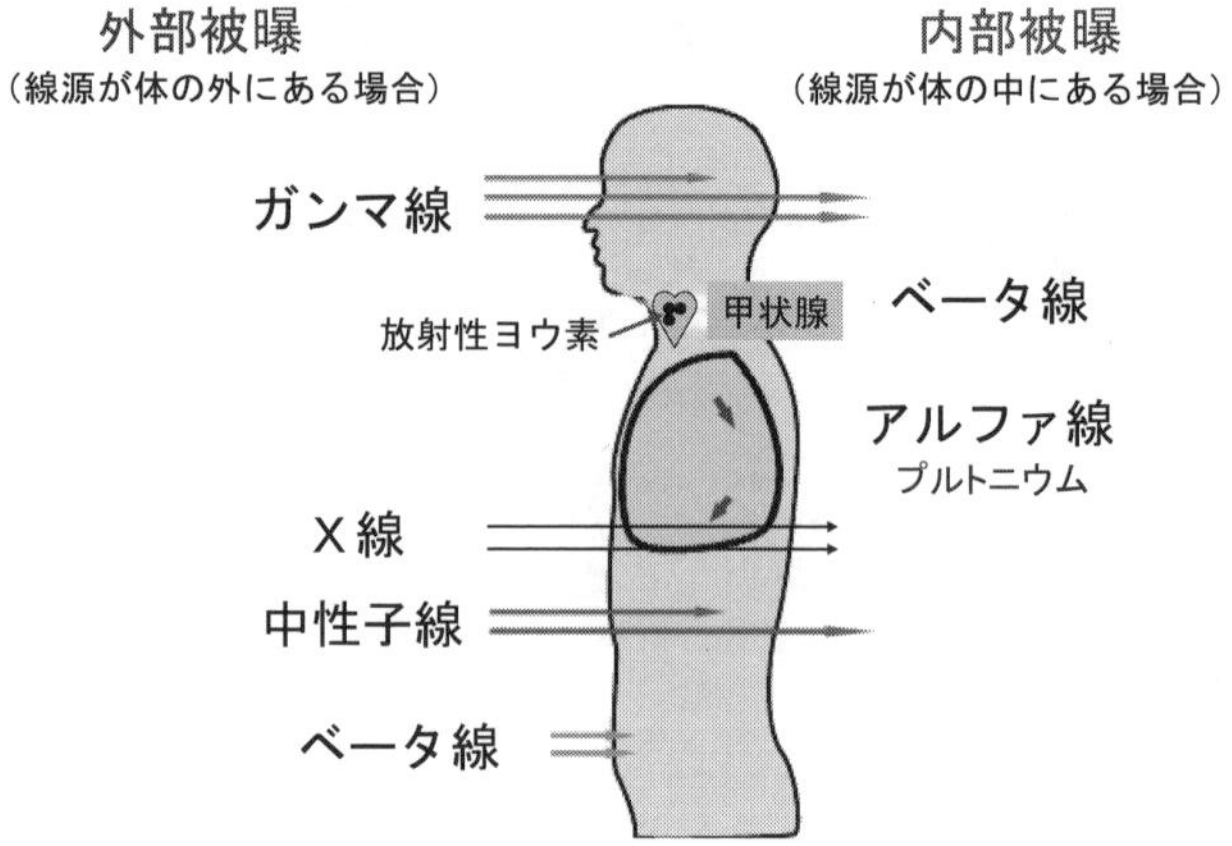

図3―3　原子力事故で放出される主な放射性物質の半減期

	物理的半減期	体内の半減期
ヨウ素131（ベータ、ガンマ線）	8日	7.5日
セシウム137（ベータ、ガンマ線）	30.2年	109日
プルトニウム239（アルファ線）	24100年	一生
ストロンチウム90（ベータ線）	28.9年	18年

中に入ったものによる内部被曝が大きい。

図3―3です。特に、揮発性があって遠くまで飛びやすいヨウ素は、甲状腺に集中的に集まることが問題になっていますし、やはり飛びやすいセシウムは、カリウムと類似した性質をもっているので、体全体に影響を与えやすいと言われております。プルトニウムはそんなに遠くまで飛びませんが、肺にとどまり、肺を局所的に長時間被曝すると言われて

います。

先日、ストロンチウムが三〇キロ圏で検出されたとありましたが、これは半減期の長いものです。これら以外にも、原子炉の中にある核分裂生成物、放射性物質は、何十種類も百何十種類も、たくさんあります。これは、測っているものだけ、あるいは測れるものだけを言っています。例えば、テルルというのはあまり言われていませんが、結構出ています。それから、例えばセシウム137とありますが、セシウム134もあって、137があればだいたい同じぐらいの134もある。ガンマ線が出るので、土に落ちてきたものが空間で測れるのがセシウム、ヨウ素ですが、ストロンチウムはガンマ線が出ないので測りにくく、先日まで測るのに時間がかかったということです。

被曝という点で大事なのは、半減期というもので示されるように放っておいても減ってはいきますが、体内にとどまる時間が確実にある、という点が、内部被曝では特に重要だということです。

放射線はなぜ危険か

最近、ベクレル、シーベルトといった単位は頻繁に報道されていますので、よく御承知かと思います。どれだけ出すかという方の単位は「ベクレル」で示され、どれだけ被曝するかという方は「マイクロシーベルト」、「ミリシーベルト」で示されます。図3―4で、

図 3―4　放射線と放射性物質（放射能）の関係

放射能
放射性物質　は放射線を出す

光との違い：放射線は身体を透過する
DNAに傷をつける
大量にあびれば死亡する
少量なら将来発がんの可能性

光と比べて示してありますが、光との最も大きな違いは、放射線は体を透過するので医療にも使われているわけですが、その時にDNAを傷つけるということです。大量に浴びれば、急性障害で死に至ることもあります。しかし、かなり少量であっても、将来発がんの可能性があるというところが光と大きく違うところです。物理的には、ガンマ線やX線は電磁波の光と同じ仲間です。

いろんな専門家が出てきてこの間のことをコメントしていますが、光との違いが問題であれば、放射線の専門家というより本当は生物学、医学の専門家に聴くのがよいと思います。

年間の被曝線量

例えば、いま報道で毎時何マイクロシーベルトを浴びると、というのをやっていますが、毎時一マイクロシーベルトを浴びるとして、それを年間の被曝線量に換算すると、

1×24×365＝8,760マイクロシーベルト（8.76ミリシーベルト）

となります。およそ一万倍ぐらい、一年で一〇ミリシーベルトぐらいになってしまうんです。

これが毎時二〇マイクロシーベルトになると、

20×24×365＝175,200マイクロシーベルト（175.2ミリシーベルト）

こんなになってしまうんです。福島市の人口は三〇万人ですが、いま、毎時二マイクロシーベルトぐらいで推移しています。ですから、年間で二〇ミリシーベルトぐらいになるかもしれないのです。

ベクレル（放射能の単位）からシーベルト（被曝線量）への換算方法です。

食品汚染濃度（ベクレル／kg）×食品摂取量（kg）↓体内取り込み量

体内取り込み量×〇・〇一×線量係数＝被曝線量（マイクロシーベルト）

※線量係数（ヨウ素１３１＝一・六　セシウム１３７＝一・三）

体内に入って、体内でどういう動態をして、その核子がどれだけエネルギーを出して……ということをいちいち計算していると大変なので、線量係数というもので簡易的に計算することができます。

飲食物の規制値

今挙げたような数字を使って、よく言われております、飲食物の規制値が算出されます。

放射性ヨウ素（１３１）の場合、

甲状腺（等価）線量五〇ミリシーベルト（つまり被曝（実効）線量二ミリシーベルト相当）

↓飲料水・牛乳・乳製品は三〇〇ベクレル／kg　野菜類は二〇〇〇ベクレル／kg

放射性セシウムの場合、

被曝（実効）線量五ミリシーベルト

↓飲料水、牛乳・乳製品は二〇〇ベクレル／kg　野菜類、穀類、肉・卵・魚ほかで五〇〇ベクレル／kg

これを超えると、これらの作物の出荷停止や、水道水から検出されると一〇〇ベクレル／kgで乳児は飲まないようにしましょう、ということになります。

これは先ほどの計算の逆で、ヨウ素の場合、甲状腺が五〇ミリシーベルトぐらいになるのが、これらのベクレル。セシウムは、五ミリシーベルトぐらいになるのがこのベクレル……というように、先ほどの逆算で出しております。ですから、これらの規制値以下であっても、これより少し少ないぐらいの被曝をすることがあるというところは、よく確認しておく必要があります。

Ⅱ　放射線の影響とは

被曝線量の考え方

一番はじめに「放射線の影響は目に見えにくい」と申し上げましたが、放射線というのは細胞、しかもその核のＤＮＡに損傷を起こすというところが重要なのです。**図3―5**を見てください。一ミリシーベルトというのが、細胞の核一個にちょうど一本通るぐらいの線量です。それらの線量に応じて影響の出方があるわけです。

図3―6です。よく「一〇〇ミリシーベルト以下では影響がありません」と報道等で言ってしまっていますが、一〇〇ミリシーベルト以下からを低線量と称しています。しかし、まさに一〇〇ミリシーベルト以下程度のところから、晩発性障害のリスクが問題になるわけです。一〇〇ミリシーベルトを超えると、目に見えた影響が出てくるんですから、一〇〇ミリ以上でももちろんそれはあるわけですが、目に見えにくい、この「低線量」の影響をいかに防ぐかというのが、本来、放射線防護の専門家の仕事であるはずです。

図 3—5　放射線を１ミリシーベルト（ミリグレイ）
被曝するということは？

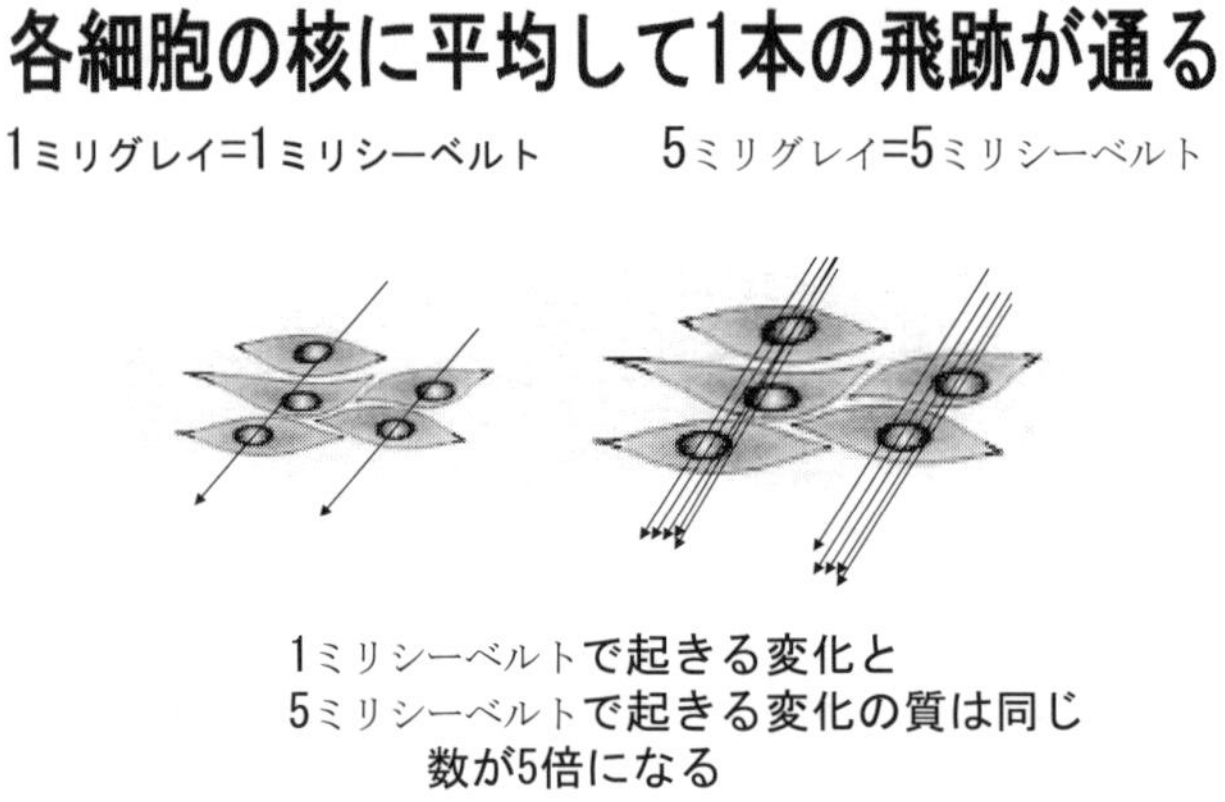

各細胞の核に平均して1本の飛跡が通る
1ミリグレイ=1ミリシーベルト
5ミリグレイ=5ミリシーベルト
1ミリシーベルトで起きる変化と
5ミリシーベルトで起きる変化の質は同じ
数が5倍になる

図 3—6　被曝線量とリスクの関係——低線量の場合

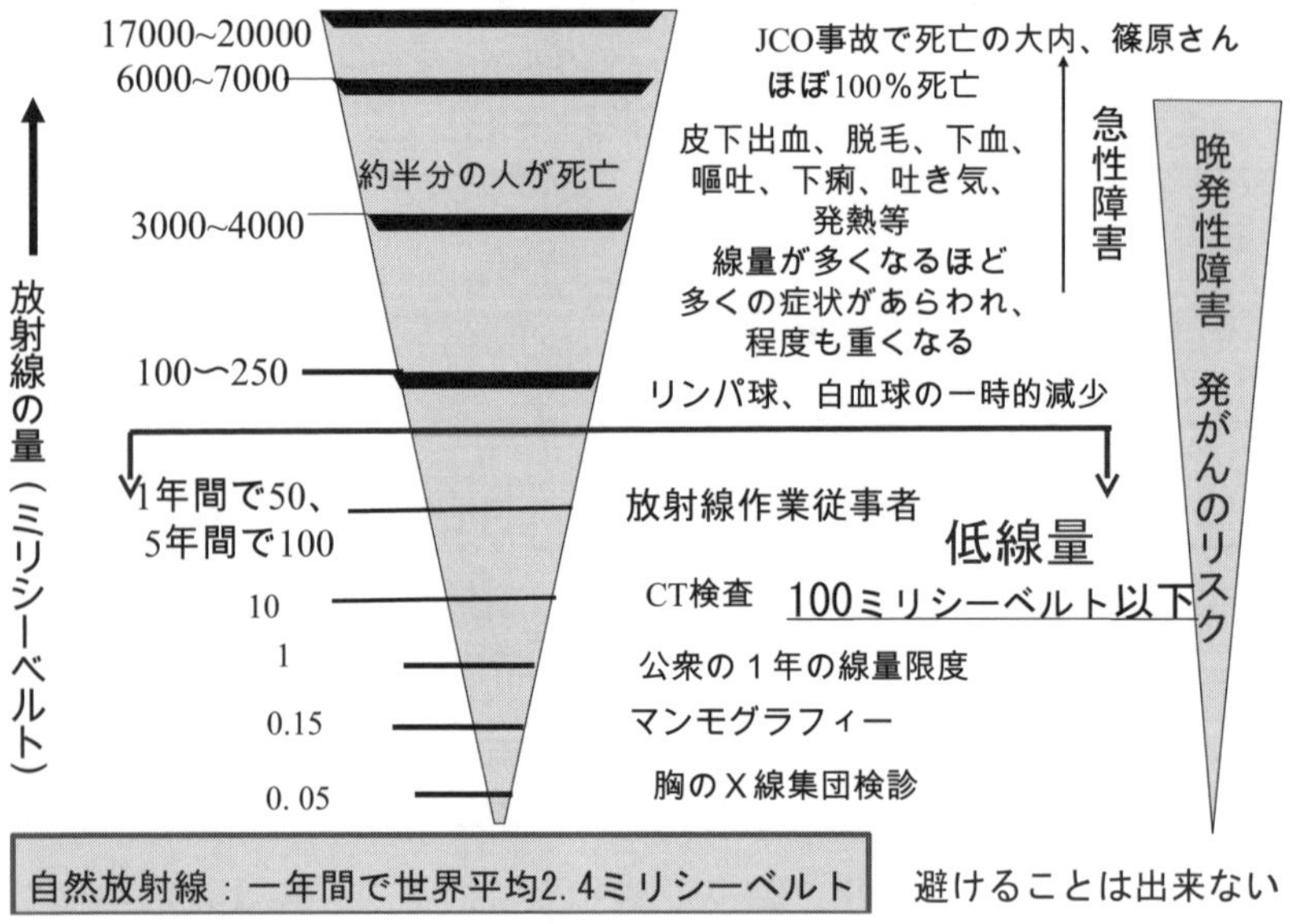

ここには、自然放射線というものもあります。自然に浴びている放射線で、世界平均は二・四ミリシーベルトですが、日本ではおよそ一ミリシーベルトぐらいです。自然放射線が有害か無害かというのはよくわからないところですが、自然放射線というのを否応なく年間にそれだけ浴びているわけですから、それ以上の被曝は、それこそ必要がなければ浴びないようにしましょう、というのが、放射線防護の基本です。

図 3—7 変異は細胞にたまって行く

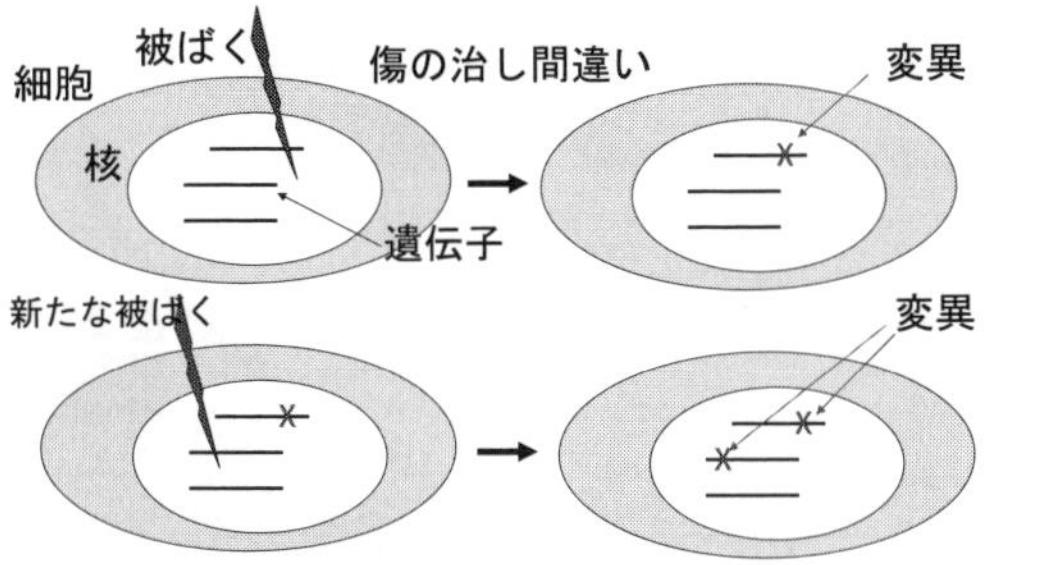

放射線の危険性は蓄積する⟶発がん

放射線の危険性——発がん

図3—7です。放射能の危険は、遺伝子の損傷から起きます。しかし、体の細胞は常に修復していますから、心配することはありませんよ、とよく言われています。もちろん常に修復しているんですが、放射線というのは桁違いにこの損傷が多い。それを一生懸命に修復するんですが、その時に間違いが起こることもある。間違いのしやすい被曝を起こすのが、まさに放射線なんです。その間違いを「変異」と言いまして、その変異の蓄積の結果、がんにつながる——というのが、簡単に言えば放射線による影響の仕組みです。

図3—8です。がんというのは単一の因子で起きるものではありません。今申し上げた変異や免疫力、その他さまざまな影響の積み重ねの結果、悪

図3—8　がんの多段階説

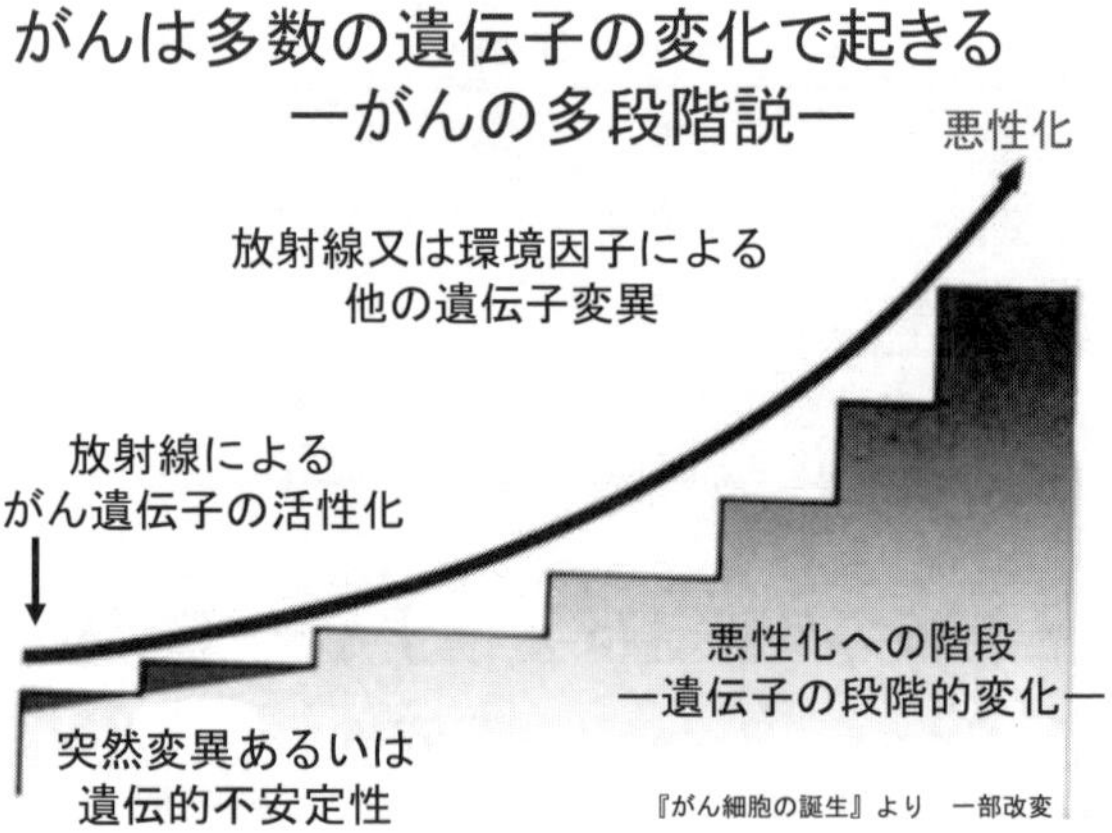

性化して、最終的にがんになります。がんというのは、どちらかといえば高齢の方に多い病気ですね。しかし、放射線への被曝が重なると、かなり若い段階で悪性化までいってしまうかもしれない可能性があるということです。そうなるはずのなかった方が、がんになることがあるということです。いわゆる因果関係で話をするのは、そもそもこのがんというのは、一つの原因で起こる病気でないために、恐らく不適切だと思われます。しかし、可能性を確実に高くする、ということです。

発がんの頻度・リスク

人間集団では実際どうかということについて、きちんと調べている例は、大変少ないのですが、広島、長崎の原爆による被爆の生存者だけは、この六〇年以上にわたって調べております。ですけれども、一〇万人近くの疫学調査をおこなっておりますが、一万人に一人とか千人に一人とかいうようなもので、いわゆる統計的有意を出すのは、大変難しい。なかなか出ないことをもって影響がないということを言っている人もありますが、ＩＣＲＰ等では、「これ以下ならば発がんがないとする線量はない」としています。つまり、影響は直線的なものであるという前提で対処しようという、その根拠となっているのが広島、長崎のデータです。

図3―9を見てください。発がんのリスクはどれぐらいか、どれぐらいの人に発生するのかという頻度については、世界の放射線防護の専門家が集まって、生き物のことだから科学的に確実にはよくわからないけれども、これぐらいのものとして対処していきましょうということを決めております。ところが日本の専門家は「この辺では影響なしということにしてやってくれませんか」とか言っているわけです。覚えやすいのは、「一〇〇ミリシーベルトで、一〇〇人に一人」――一〇〇ミリシーベルトを浴びると一〇〇人に一人、あるいは一ミリシーベルトだと一万人に一人にがんが発生するというのがICRPの基準です。それに比例するということですから、それぞれの線量でその何倍……というように、覚えやすくできております。

図3―9　被曝線量当たりの発がんリスク

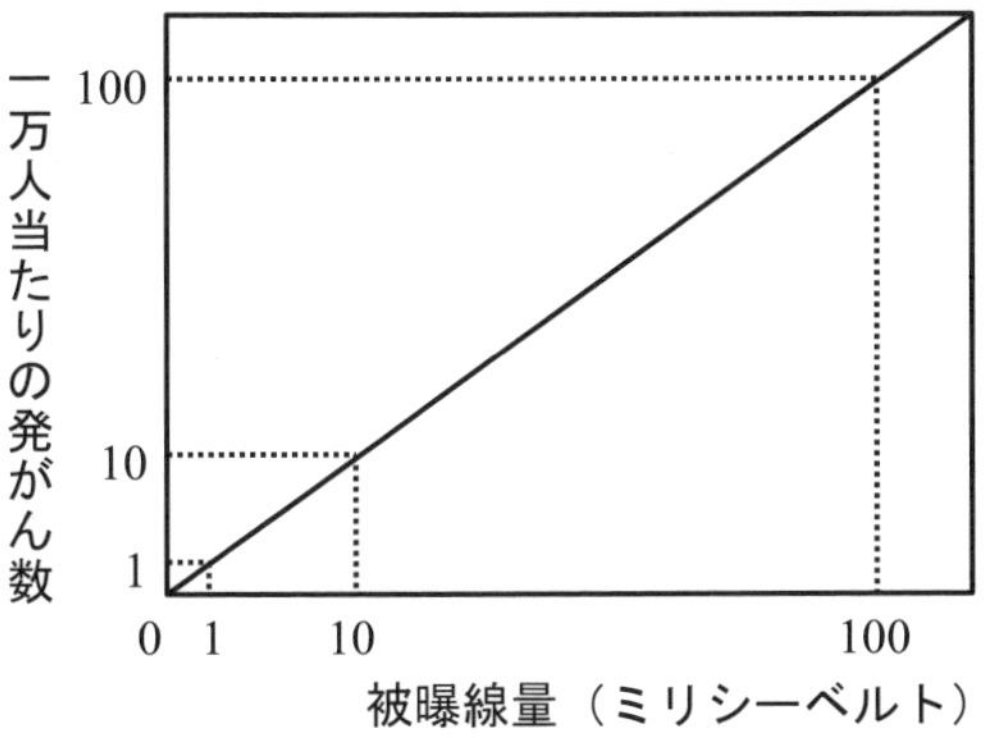

放射線感受性

かつ、重要なのは、放射線の感受性です。

受精後八週齢　＞　妊娠三ヶ月　＞　五～一〇ヶ月

＝　新生児・乳児　＞　子供　＞　青年　＞　成人　＞　老人

つまり、年齢的には若いほど、臓器では細胞分裂が盛んなほど、感受性が高いということです。

がんの発生が段階的ということと、それからこの感受性のことがあるので、若い方ほど、何かしらの対処を考えた方がよいのです。実際、チェルノブィリ事故のデータでは、先に子供に出ていたということです。図3―10aです。

しかしながら、大人には現れるのが遅いというだけかもしれないのです。チェルノブィリでも増えております（図3―10b）。一九八六年の事故が、今、二〇〇〇年になって出ているわけですから。今の福島事故の影響についても、こういうことがあり得るということです。「直ちに影響が出ない」というのは、こういう話です。

ですから、チェルノブィリ事故の健康被害については、その全貌はまだ摑めていません。直接的な急性障害による死亡は三一人と言われていますが、機関によっては三万人とも言います。さらに晩発性障害――主にがんですね――による死亡者は、四〇〇〇人から一〇万人と言われ、がんの研究機関やさまざまなＮＰＯ等によって、数字に大分ばらつきがあります。確定しにくいものなのです。また心筋梗塞、脳血管系障害その他の死者、あるいは遺伝的影響については、摑めておりません。広島、長崎の被爆者の調査でも、がんだけではなく、このような影響もあると言われております。

その他に、社会的影響があります。環境汚染による地域社会の崩壊、第一次産業――農業、牧畜、水産業――に与える被害、また第二次産業に与える被害があります。チェルノブィリの影響には、健康被害だけにはとどまらない、大きな社会的影響があり、これらは今まさに私たちも既に直面している問題でもあります。

図 3―10 a　汚染地域における甲状腺がんの年次発生（15 歳未満）

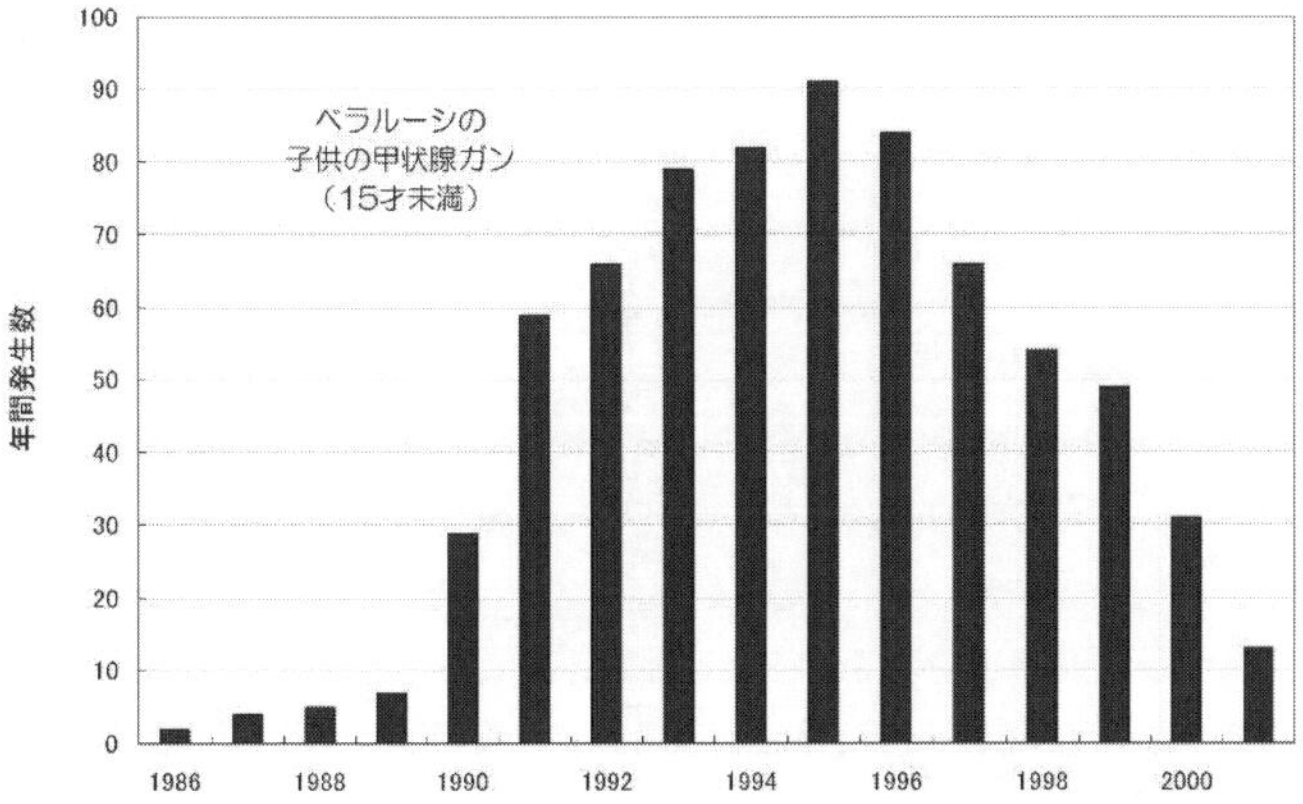

京大原子炉研HPより

図 3―10 b　汚染地域における甲状腺がんの年次発生（15 歳以上）

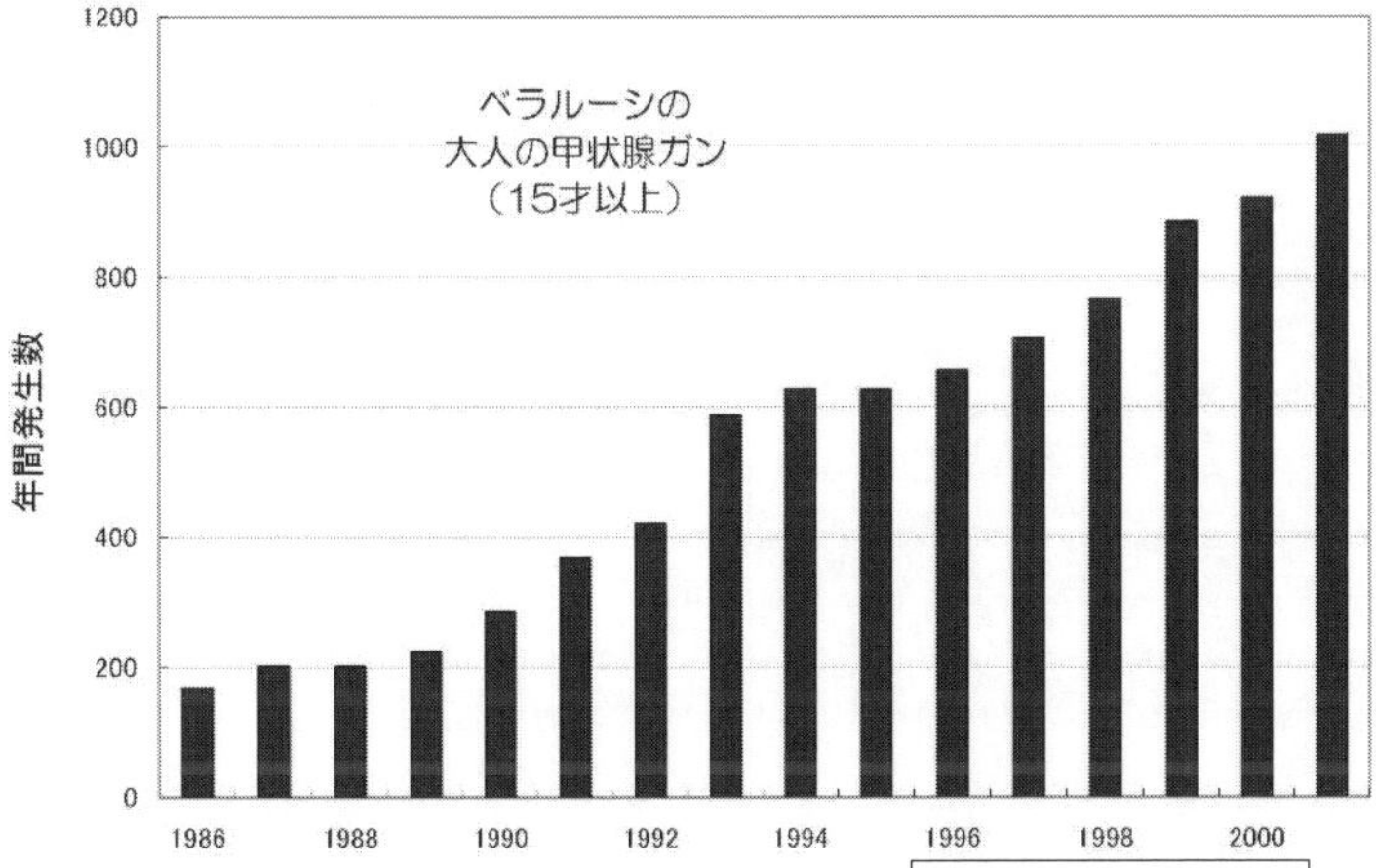

京大原子炉研HPより

Ⅲ　放射線防護の考え方

これらを踏まえて、放射線防護の基本的な考え方を以下の三点にまとめます。

①急性障害と晩発性障害

放射線被曝による健康影響には、急性障害と晩発性障害があります。

急性障害は、一〇〇ミリシーベルト程度以上の放射線を一度に被曝することによって、組織の反応として現れ、線量が多くなると死に至る、というものです。

晩発性障害は、何年も何十年も後に、被曝の累積線量に応じた発生頻度で、典型的にはがんのような疾患として現れます。

②累積の被曝線量に応じた影響

累積が問題になるのは、細胞、ＤＮＡの影響が基本にあります。細胞における遺伝子の変異の積み重ねによって、がんが発生します。放射線は、ＤＮＡの二本鎖を密度高く損傷し、細胞分裂にともなう遺伝子の修復の間違いによる変異を累積線量に比例して増やします。その変異が蓄積する結果、累積線量に比例して人間集団における発がんの頻度を増やすのです。

一年間を通して合計どれだけ浴びているかという計算、あるいは内部被曝だとどれぐらい体内にとどまって浴び続けることになるかというような、累積線量に応じた発生頻度になっているということです。

③一ミリシーベルトを超えない

「一ミリシーベルトを超えないこと」――これはまさに国際的合意事項です。一ミリシーベルトの放射線は、一個の細胞の核に一本の放射線が通ることに相当します。ICRPによれば、集団における頻度としては、一万人に一人の発がんにつながる、とされる数字です。

しかし、発がん頻度はもっと高いとする研究やモデルもあります。しかし、最低限として、ICRPの見積もり程度はあるものとして、防護するのが国際的な合意事項です。少なくとも、感受性が高い子どももいる一般公衆の線量限度は一ミリシーベルトを維持するのが重要です。

防護のためにできること

自然放射線以外の被曝については、医療の場合にはやはり必要性があるということ、エネルギー利用の場合でもいわゆる正当な必要性があること――その正当性を、だれがどう判断するのかが問題なわけですが、そういった必要性から被曝する場合にも、できるだけ必要最小限の被曝線量にすることが、防護の役割です。

このように放射線への被曝による健康影響をとらえてくると、放射線防護のためには、若い人を優先としたヨウ素剤の服用、避難・移住、飲食物の制限などが必要となります。ただ、できることは非常に限られています。ヨウ素は甲状腺に集まりやすい。だからヨウ素は防護できるかもしれないということでヨウ素剤の服用と言われていますが、ヨウ素剤ではヨウ素しか防護できません。そうすると、結局できるだけ離れた方がいい、風向きの違う、雲の来ない方に離れた方がいいということになる。あるいは、放射性物質が入っているかもしれない水や食べ物は、摂らないようにしようということになるんですが、現実には大変難しい。それは、チェルノブィリでも現れております。

ですから、放射線の被曝というのは、健康、生命だけではなく、生活、環境、文化……さまざまなものを破壊するものであるということなんです。このような事故が起こった場合、究極的には防護は不可能とさえ言えます。

この度の福島事故で、桁違いに大量の放射能を生み出す原子炉の制御が、いかに困難かということが明白になりました。また被曝を避けるのも大変困難ですけれども、放射線防御の専門家には、せめて被害を出さないための努力、そして準備をしてほしいものだと思います。

被曝や原子炉の制御に比べると、いま節電などと言われておりますが、日本がGDP第二位というのは少々身の丈を超えているのではないかと思うんです。エネルギー消費と社会構造を転換するのは――そういった面から少しずつ変えていくということは、実はその気になればそれほど困難ではありません。問題はその気になるかどうかです。

したがって原子力発電には正当な必然性がないという結論になりますが、それを判断されるのは皆さんです。原発はいらないという意思表示を、よろしくお願いしたいと思います。

＊二〇一一年四月十六日　於・明治大学駿河台キャンパス

質疑応答

Q1　私の子供は五歳、男の子です。都内に住んでいます。幼稚園では、幼児には今の状況では放射能は全く問題がない、水道水も大丈夫なので飲ませます、と言われました。今の東京の状態で、幼児に対する防御についてはどのぐらい考えたらよいでしょうか。

瀬川嘉之　首都圏の幼児への防護については、お問い合わせが非常に多いご質問です。お答えが難しいのですが、放射線防御の基本は、とにかく〝累積の〟被曝量を少しでも少なくすることです。これは、国際的な防護の専門家の合意です。ただ、専門家は集団全体の被曝量をいかに下げるかということを考えているので、各個人について、自分や周りの人の被曝をどれだけ下げるかというのは、少し別ではあるんです。それでも、つながっているとは思います。例えば東京ですと、福島と比べて線量は大分低いのは事実です。新聞報道などにある線量が、いったいどの程度のものかというのを、できるだけ勉強して、できるだけ少なくするということです。

放射能の量をいかにして減らすかということを考えながら暮らすのは、大変生きにくい。ですから無理をされない方がいいかしれません。

例えば、子供が砂遊びをするのはどうかというのもあります。砂遊びは、子供の発達上大変いいという話もありますから、どちらがいいかのバランスを考える必要がある。雨が降って、線量が上がったのではないかという日には控えるといったことも考えられます。しかしこれは、福島の人こそやった方がいいことなんです。東京の場合は、申し上げたように今のところはそんなには高くないので、あまり無理をしない方がいいという方がまさるかもしれません。

一度被曝したらもうおしまいだというような感覚の方もいらっしゃいますが、「累積線量」ということを考えると、一度被曝量が多いことがあっても、また減らしたり、対策していけばいいわけです。避難されて、一度戻られたということも、低線量は累積ですから、ともかく離れられてよかったわけです。戻ってきて避難が無駄になるということは全くありません。全体での線量が少なくなるわけですから。そういうふうに考えてください。

井野博満 この話は、放射線レベルの認識が非常に大事ですけれども、それだけでは物事は決まらないと思います。我々自身の生活をどう考えるかということで決まるんだと思うんです。ただし、放射能レベルを認識することは非常に大事で、それは瀬川さんからありましたように、「年間一ミリシーベルト以内」というのが一つの考えだと思います。一〇ミリシーベルトとなると、子供はもう引っ越すべきだという数字です。これは今、二〇ミリシーベルトというところで退避をするかどうかと言っているのに対して、安全委員の一人の代谷誠治氏が「子供は一〇ミリだ、しかし、これは個人的見解だ」と言っています。私は一〇でも子供には非常に危険で、やはり一とか二とかいうレベルのことを考えなければいけないと思います。（その後、内閣官房参与の小佐古敏荘氏は、子供も二〇ミリシーベルトという基準を受け容れず辞任した。）

もう一つは、食べ物を食べるかどうかという判断もあります。基準値以下の食べ物を食べていれば安全というわけではなくて、例えば、二〇〇〇ベクレルのホウレンソウを一〇〇グラム食べるのと、一〇〇〇ベクレルのを二〇〇グラム食べるのは、同じことになりますね。食べ方にも関係するということがあるので、一つの基準として考える程度でなければいけないと思います。

それから、もう一つ。私は、八郷（茨城県石岡市）というところに共同で作った農場を持っているんですが、茨城県のホウレンソウは一時出荷禁止になったんです。それを食べるのかどうか。その後レベルが下がったわけですが、それでも放射能があるわけです。会員の中でも、何名かは食べないという人もいるんですが、私は食べています。というのは、食べなければ、僕らが一緒にやっている農場はどうなるんだろうかという問題があるからです。そういうことを含めて、私は食べると判断しました。もちろんそれが非常な高レベルになれば、農場の人たち自身も食べられなくなりますし、そこから移らなくてはならないということになりますけれども、彼ら、彼女らがそこの農場で物を生産している限り、私は食べようと考えています。

茨城県で汚染が広まってきた場合に、茨城県の農業はどうなるのか。あるいはもっと、福島県はどうなっていくのかという問題に直面します。そうしたときに、我々のように東京にいる人間が、茨城県と福島県のものは食べないで、よその、もっと安全な地域のものを食べるという選択をするだけでいいのか。全体の状況を考えるべきだと思います。つまり、もう既に我々は放射能の汚染国、汚染地域に住んでいるという認識を持った上で、ベストの選択をしなければいけないのではないかと思います。

風評被害という話が報道されていました。あれは、風評被害と言うべきではなくて、当然の理由があるわけですね。本来放射能など全く含んでいないものなのに、含んでいるかもしれないものを食べるということになっているんですから。風評というのは、全く根拠のない場合に言うわけですけれども、ちゃんとした根拠があるわけです。そういう意味で、風評被害だから安全ですよと政府が宣伝をやるのは大間違い。しかし、その上で、私たちは何を食べるのかということを、一人一人が考えなければいけないのではないかと思います。

Q2 地球上で、地震がよく起こるところと、あまり起こらない地域があります。フランスやアメリカにも原発がありますが、それは地震がほとんど起こらないことを前提にして作っているのではないでしょうか。日本がそれをそのまま取り入れるということはどうなんでしょうか。また、一九九五年の阪神淡路大震災の時から言われていたことですが、日本は地震の活動期に入ったということですが、このことも原発をやる時には考えなくてはならないのではないでしょうか。

井野博満 地震については、私は専門ではありませんが、地震国日本に原発をつくるということについては、イギリスから最初に原子炉をもって来る時にも、地震のことは最初から問題になりました。その時は、一応地震の対策をそれなりにして、受け入れましたが、当時は、幸いといったらいいのか、あまり地震が起こらない時期だったようです。おっしゃる通り、一九九五年ぐらいから増えたようです。このことは石橋克彦さん（地震学）が地震の活動期に入ったとおっしゃっています。運の悪いことに、あまり注意深くなく原発がどんどんつくられてしまった。

Q3 **福島の原発は、アメリカのゼネラル・エレクトリック（GE）が設計したものを、東芝や日立が買い込んで、東京電力に売り込んだのですか。日本人はゼネラル・エレクトリックに頭を下げて、そういう設計を買ったんですか。それとも、向こうから押しつけられて、買わされたんですか。**

後藤政志 福島のあの沸騰水型のもともとの設計は、GEのオリジナル設計で、東芝、日立が改良したというのが実態です。加圧水型の原発は、ウエスチングハウスが開発して、それを三菱重工が引き継ぎました。これは原子力に限りませんが、昔、私は海洋構造物をやっていたんですがそれも同じで、海外から技術導入しています。基本的な設計概念を入れて、それを日本で改良しています。原発もその典型的なパターンです。現在の技術力で行くと、実設計レベルは日本の方がかなり高いのではないかと推測します。

ただ、私が気になりますのは、コンセプトです。物事のコンセプトは、やはり日本はあまり得意ではないという印象を持っています。苛酷事故対策を本気でやっていない節がある。ベントをしなければいけないような事態になったら、フィルターをつけた方がいいに決まっています。ヨーロッパでは、どんどんフィルターを開発するんです。日本では、そういうのはどうかな、要らないんじゃないのとあいまいにして、結局つけなかった。そんな傾向があります。しかし、GEならどうこう、東芝、日立ならどうこうというより、私はそれは所詮同じものであるという認識です。つまり、若干の違いはありますが、結果としては同じ業界の中の、同じような考え方をとっているというのが、私の意見です。

Q4 制御棒の脱落事故というお話がありましたが、それでは上から挿入するのがいいのではないでしょうか、どうして下からという設計になっているのかわかりません。それから、窒素封入というのが行われていますが、水素爆発を防ぐために水素の分圧を下げるためだろうと思うんですけど、どれほど効果があるのでしょうか。圧力が上がることによって、放射性物質が一気に出るようなリスクもあるのではないですか。

後藤政志 制御棒は、加圧水型は上から入れています。沸騰水型は下からです。ミスをしたときに抜けるのは下に抜けますから、沸騰水型が危ないのは決まっているんですけれども、これは構造上しょうがないんです。沸騰水型は中でお湯を沸かして、上部に気化させるための装置がある。それを突き破って、上から制御棒は入りません。これは必然的なんです。技術というのは、みんなそうです。あるメリットがあると、デメリットがある。沸騰水型というのは、ああいう構造であることによってある種の効率がよくなっているんですが、それに対して制御棒に関しては逆にまずい、マイナスになっています。

窒素封入のリスクは、おっしゃる通り窒素で水素爆発を防ぐんですけれども、入れていけば当然ガスを出しますので、ベントをしなくてはいけなくなります。これはもうずっとつきまとっている問題です。

Q5　制御棒を入れて止まった、だけど冷やすのに失敗した、というお話でした。仮定ですが、もし制御棒が入ってなかったら、その場合は、今の対応でできるのですか。もし止まらなければ、どうでしょうか。

後藤政志　制御棒挿入失敗は、苛酷事故、シビアアクシデントの代表格です。制御棒の挿入に失敗しますと、ホウ酸水を注入して止めます。それが成功すれば、何とか止まる方向になります。しかしそれも失敗しますとチェルノブイリ型になって、そのまま暴走する。暴走しますとほとんどもう制御不能です。

Q5　もし制御棒が入らなくて止まらなかったら、冷却水があってもだめなんですか。

井野博満　冷却というのは、崩壊熱をどれぐらいとれるかという話ですね。それと、核暴走のときの臨界を抑えられるかどうかという話は、別です。臨界を抑えられなければ、崩壊熱がどうこうという前に核爆発になってしまいます。ＪＣＯの時はたまたま臨界になって、体積が変化するという形で自動的に持続したということがあるけれども、あれは特別なケースです。この原子炉では、制御棒が入らない失敗が爆発に至ると思います。

Q6 以前何かで、原子力発電所を解体する技術は世界にないということを聞いたことがありますが、それは本当なのでしょうか。そういった解体をふくめた原発の出口戦略、そういったところはどのように考えて設計されているのでしょうか。

後藤政志 解体ですね。どれだけ実績があるかはわかりません。これからだと思います。逆に言うと、解体にはそれだけ手間と時間がかかる。解体技術が商売になるという感覚があるのではないかと、私は思っております。それが、非常に気にかかるんです。もちろん必要な部分になるということは明らかですけれども、それがまた新たな産業として入ってくるということの意味に、非常に矛盾を感じています。

Q7 被曝労働の実態は、どのようなものでしょうか。山谷などの寄せ場で、人が集められていると聞きますが……。

向井（会場から） 私は、山谷労働者福祉会館で活動しています。一九九五年に私たちが出したパンフレットの中で、実際に上野で手配されて、野宿していた状態から東海村の原発に連れていかれて、十分な線量計及び十分な説明もなしに行って、一緒に働きに行った仲間が白血病で亡くなってしまったという話を直接聞きました。最近十年ぐらいはそういう大規模な話は聞きませんが、いま復興が始まる中で、山谷及びスポーツ新聞の求人で復興支援という名目の労働が出始めています。その中に被曝労働が含まれていないかということは、私が非常に心配していることです。先ほどの話は、聞き書きの形で今ブログに載せているので、山谷労働者福祉会館で検索していただければ読めるようになっています。

井野博満　原発で働く方々、大部分の現場での労働者は、地元の方であろうと思います。それは柏崎もそうですし、それから福島の場合も、三、四年前に一度ひび割れの問題があったときに私は現地に行きましたが、そういう話でした。ですから、外国人や山谷の労働者というようなこと以外に、地元の人たちがやはり被曝労働をさせられているという現実があると思います。

Q8　テレビで見た水素爆発の映像では、三号機の爆発の仕方が、他の号機の爆発の仕方と違っていたような気がします。一号機は横に広がる感じでしたが、三号機は縦に広がって、まるでキノコ雲みたいな雲を上げていました。その違いについては、どうでしょうか。

後藤政志　おっしゃる通り、一号機と三号機の水素爆発は、大分違っていました。水素爆発というのはだいたい四〜五%の比率の水素と酸素があると爆発します。大量にあれば、当然爆発が大きくなります。そうすると、水素が出てから早く着火する方が、むしろ爆発は軽くなります。大量に充満してからですと、大爆発になります。三号機のは後者の傾向があって、相当大きな爆発になった。しかしそれはなぜかと言われると、炉の状態との関係を調べないと何とも言えません。

Q9　一号機、二号機、三号機、どれでもよいのですが、圧力容器そのものの健全性は、今どれぐらいでしょうか。それからもし、循環冷却系が仮に回復したとして、それで果たして安定冷却まで持ち込めるでしょうか。また仮に圧力容器の健全性が確保されていない場合、安定冷却に至るまで、どういうプロセスを、どの程度の期間見込めばいいのでしょうか。

後藤政志　圧力容器の底が抜けているというお話ですね。データを見ていると、圧力容器と格納容器、一号機を除くと、二号機、三号機は、ほとんど圧力が同じになっています。それを見ますと、多分どこかが抜けていると思います。可能性が高いのは制御棒の挿入口などです。そのときに冷却がきちんとできるかどうかという問題がもちろんあるんですが、圧力容器と格納容器、両方を見ながらとにかく冷却をやるしかないと思っています。

それから、一つ付け足したいことがあります。原子力発電所は、津波や地震、それ以外も含めて、いろいろと問題があります。先日の余震では、女川も東通も設計条件を超えたんです。余震でですよ。原子力プラントはそのまま止めて、どこかが傷んでいないか、本当にそれでいいかと、立ち上げるまで徹底チェックするわけです。しなくてはいけない。柏崎の例では、再び立ち上げるまでに二年以上かかっている。ということは、今後、地震が来るたびに、仮に壊れていないとしても今後の安全の確認のために年単位で止まることを原子力プラントは覚悟しなければいけないということです。壊れているかどうか、わからないわけですから。そうすると、本当に経済的なのか、エネルギー供給源として適切なのかどうかと思っているんです。地震国日本においては、原発はエネルギー供給することができないという結論に達したと私は思っています。

Q10　どのようにしたら福島原発は安全に収束するのか。東電が何をやっているのか、政府がどのように収束すると言っているのか、まるで見えません。ぜひ教えていただきたいと思います。

井野博満　収束しないと見た方がいいと思います。せめて、コストより先に、どういうふうにしたら外部への放射能が一番少なくなるかという手立てを、東京電力は最大限努力してほしいと思います。絶対こうやればという方法は、もう多分ありません。つまり、水が循環して冷却するシステムが回復すればいいんですが――回復するというようなことを言っているけれども、多分それは実現しない。する可能性ということでずっと引っ張っていくと思うんですが、結局しなくなる。そのうちに被害がだんだん大きくなって、それに我々が慣れてしまうという……。今回の事故でも、もう随分慣れたでしょう？　三月十一日の直後は、こんなことになるとは思っていなかったではないですか。大したことはないとか報道しながらだんだん広がって、ここまで来てしまったわけです。

空気、水蒸気で外へ出すのか、海に出すのか、どちらがましなのか、どちらも防ぐにはどうしたらいいか……そこで最大限いろいろなことをやって、いろいろな構造物を作って止めるとか、排水を船に詰めるなら当然積むとか……最大限やって被害をどう最小にできるかということではないでしょうか。

（二〇一一年四月十六日　於・明治大学駿河台キャンパス）

Q11　小学校関係者です。先ほど、一般の人の被曝限度は一年間で一ミリシーベルト、イコール、一時間単位でいうと〇・一一マイクロシーベルトと言われましたね。次にきいた話は、学校では毎時三・八マイクロシーベルトで学校は開校していいよという判断がされているということでしたね。〇・一一が一般の限度なのに、どうして三・八もあって学校を開校していいんでしょうか。

井野博満　それでは、政府になりかわって説明をいたしますと——一ミリシーベルトというのは普通の時であって、今は緊急時ですから、ＩＣＲＰも二〇ミリシーベルトまでは認めておりますし、年二〇ミリシーベルトを単純に八七六〇時間で割ると、二・三マイクロシーベルトになるんですが、それは屋外はそうだけれども、屋内に入るとその分は減るだろうと。ですから外で遊ぶ時間などを減らしたり、マスクをしたり、いろんなことをやりますと、三・八でいいとなります……。

——そこに非常に無理があるわけです。二〇ミリシーベルト、緊急時と言っていますが、ＩＣＲＰでさえ限度であるものを言っている。それから、内部被曝を加算していないわけです。たとえば、外部被曝を土から受けているとすると、その土を吸い込むこともある。その吸い込む被曝量は、少なくとも倍はあるだろうといわれますので、外部被曝が二〇ミリシーベルトということだと、内部被曝を加えると少なくとも四〇ミリシーベルトは浴びることになってしまうということで、それはとんでもないことです。

Q12 「もんじゅ」のナトリウム漏れの事故がありましたね。今度の地震とは関係なく、もう何年も前に、漏れた事故があったという話を聞いたことがあります。聞きたいのは、そのことは事実だったのかどうか、そして現在はどうなっているのか。

井野博満 一九九五年、福井にある「もんじゅ」という高速増殖炉で、ナトリウムの冷却管の温度を測るサヤ管の構造が悪くて、振動で折れたんです。そこからナトリウムが大気中に漏れだして火災を起こしました。十五年前にそういう事故を起こして、やっと去年(二〇一〇年)、その修理が終わって、運転再開をしたんです。その間には一時期、もんじゅ裁判で原告が勝って差し止めになったんですが、最高裁で逆転されて、運転していいということになりました。運転を開始したらすぐに今度はまた事故を起こして――今度は燃料交換の際、中継装置を引き上げようとしたら、落としてしまった。つまみを九〇度回してはずすような、そんな簡単なシステムになっているんです。これは安全上とてもおかしなシステムだと思うんですけれども……。

それを引き上げられなかったので、「文殊」という高速増殖炉は、落ちたために「お釈迦」になったといわれています。

それでも日本は、高速増殖炉の路線にまだしがみついているわけです。……なかなか成仏しないですね。アメリカはもう止めている。フランスも、スーパーフェニックスを止めました、あと試験だけで。ところが、今、熱心なのは、中国とインドです。これは恐らく、高速増殖炉によってできるプルトニウムの利用ということを考えていて、核爆弾を作るという国の方針に沿って熱心であるということだと思います。

Q13　四〇年以上前から政府と電力会社、安全だと言ってきた学者のつくったエネルギー政策を、私たちが選挙で支持してしまって、そして今回の人災を引き起こしたということが分かりました。私たちの責任があるのですが、それでは、原発で作った電気を使いたくない、なくても私たちはやっていけるということを、私は示したいんです。けれどもそうなると、今から四十年、五十年前の生活に戻らなければならないのではないでしょうか。具体的な、こういうところまでやれば大丈夫だということを示していただければ、それに向けて運動をやりたいと思っています。

井野博満　今の発電の設備容量は、原子力発電所がなくても十分需要を賄えます。原発がなくても、まずはいいんです。ただ、石油などの化石燃料の使用も減らしていかなければいけないので、節電は非常に大事だと思います。ともかく今回の事故を受けて、計画停電などということをやったのは、あまり必然性はないと思うんです。やりようはあったと思います。今回は、計画停電をして、やっぱり原発がないとこういうふうに停電しますよということを示すのが、目的ではなかったかと思うんですが。ただ、今回の震災では、東北沿岸や関東で、原子力発電所をはじめ火力発電所、水力発電所などもかなりやられているので、合わせて供給がきびしくなったということはあるでしょう。原発のことだけ考えれば、二〇〇三年の夏には、配管やシュラウドのひび割れ隠しが発覚して、東京電力の原発は全部止まっていたんです。その時にも計画停電なんかなかったでしょう？　その状態でも大丈夫なんです。原発をなくすために生活レベルを下げる必要はないんです。もちろん今は電力を使いすぎですから、明らかに節電をということで、電力使用は減らしていかなければいけませんが。

エコ給湯やオール電化が増えて、東京ガスは大変になっていたみたいですね。私の家に来た東京ガスの人が、アンケートということで、オール電化をどうお考えですかときかれたので、オール電化は原発の電力を使うから私の家では絶対やりませんといったら、大喜びしていました。ガスはやっぱりガスのまま、電気に直してではなくて、ガス自体を燃料として使う、また暖房するなら燃料自体をもってきたほうが、よほど効率がいいわけです。

東京電力がなぜ夜間電力をさかんにいうかというと、昼間は電気が足りないんだけれど、夜間は余るんです。原子力発電というのは一定の運転でやっていかないと、制御棒を出したり入れたりして変動させると危険なんです。一定電力でやるから夜間は多すぎる。夜間の多すぎた電力をどうしているかというと、たとえば長野県の大町にある揚水発電所へ長い送電線で運んでいって、水を下から上に揚げるんです。福島で発電した電力をですよ。そういうのを揚水発電所といいまして、原発を二基造るとそういう揚水発電所を一基ぐらい造らなければならない。そういうものを造って、今度は昼間に揚げた水を降ろすわけです。それで工場などのエネルギーにする。そういう意味で、夜間電力は非常に余っています。それを揚水発電所の代わりに、われわれの家庭で給湯器みたいなものに溜めてもらうと東京電力は大助かり、ですから少し安くしますよということで夜間電力を使わせる。

Q14 今、東京の放射能の線量を見ると、新聞などによると〇・〇七八マイクロシーベルト程度で、先ほどの一・一に比べるとまだ低いのかなとは思っています。ただ、「不測の事態」と言われるものがあるようです。政府にしろ、マスコミにしろ、これを避けて通っている気がします。もしも「不測の事態」が起きた時、われわれが住む町田市の市民は、どの程度のことを覚悟しなければいけないのでしょうか。

井野博満 なにぶん「不測」の事態ですので、これは測れない……。それが起こってみて、その状況を注意深く見るということだと思うんです。

Q14 メルトダウンが起きた場合……?

井野博満 建屋地下の汚染水などを見ると、メルトダウンは既に起きています。むしろ、水蒸気爆発のような大きな爆発が格納容器で起こると、それによって放射能が撒き散らされる。そのときに原子炉圧力容器などが、その衝撃で破裂したりしますと、中の核燃料が空中に飛ばされ、遠方に飛ぶという、そういう危険が起これば、恐らくさらに大きな汚染が広がると思います。

しかし、これから東京がどうなるかは分からないのですが、それでは我々はいったいどう行動するのか。確かに、南の風が吹くと放射性物質は東京に来ます。けれども、北西の風が吹くと北の方にいくと同時に、日本海を経由して、東京をパスして関西にも届きます。ですから関西に逃げるというのはだめです。そういう意味では、私たちはもう逃げようがない。

今、福島のような汚染のひどい地域のことを考えると、福島の子供たちが出たいのに出られないという状況があります。それは全国の自治体が、そういう子供を受け入れられる体制をもう少しきちんとやるように、この町田市でも、自治会なり市民のなかで、そういう活動をもっときちんとやる、そういうことが広まらないといけないと思うんです。避難所になっている埼玉アリーナの映像を見ていると、まるで難民みたいになっていますね。ああいう状況になるなら、多少放射能を浴びても福島に残りたいというふうになってしまうと思うんです。放射能を浴びないでどこかにちゃんとした形で避難できるような協力体制を、各自治体や国が、全体として作っていくことを考えなくてはなりません。

そういう形で、一番ひどい目にあっている福島県の人たちの支援ということを、東京のわれわれがきちんと考えないといけない。私の知人は福島のいわきの出身ですが、その人が言うには、東京に電力を送っている私たちが、なぜこんな目にあっているのでしょうと言っていました。そういうことを踏まえて、われわれ自身が考えていかないといけない。福島の人たちとどう連帯していくかを、まず考えることが大事ではないかと思います。

（二〇一一年四月二十六日　於・町田市民フォーラム）

事態の進展——事故から三ヶ月を経て

井野博満

事故後三ヶ月経った今、講演ではふれられなかった新しい事態が進展している。

①事故原因の解釈、②放射線汚染の拡がりと影響の評価、③原発の安全性への疑問、という問題に関してである。これら三つの問題が、原発の存続を望む人たち・勢力と、原発の廃止を求める人たちとの間の争点になっている。今後原発をどうするかという社会的な闘争の重要なポイントになろうとしている。

①事故原因の解釈

六月七日、畑村洋太郎を委員長とする政府の「東京電力福島原子力発電所における事故調査・検証委員会」が発足した。今まで原子力の推進に深くコミットしてきた学者や経産省官僚など事故に責任のある当事者を除いたことは、当然のことであるとは言え、原子力の世界では画期的なことである。* その調査・検証結果が発表されるのは、早くて来年の初めになるだろうと言われている。

*このように書いたが、校了間際（六月十四日夕刻）に入ったニュースによると、三つの作業チームのひとつである「事故原因等調査チーム」のチーム長は、越塚誠一東大教授（原子力工学）に

決まったとのことである。今まで原子力推進と原発の安全審査に学界でもっとも深くコミットしてきた東大原子力の教授を、実質審議の中心になるチームの長に据えたことで、「画期的な」と書いたことの期待はほぼ消え去った。しかもなお、東京電力は、山崎雅男副社長を長とする「福島原子力事故調査委員会」を設置するとともに、調査結果の諮問機関として「原子力安全・品質保証会議事故調査検証委員会」を設け、その委員長には矢川元基東大名誉教授が就任していた。矢川氏と越塚氏はともにコンピュータシミュレーションが専門で、師弟の関係にある。政府「事故調」の「当事者を除いた」という第三者機関の看板が泣いている。

東京電力は原発サイトに残っていた事故経過のくわしいデータを、二ヶ月以上経って、やっと五月十六日に公表した。そのなかには、当初報告されていた炉内圧力・原子炉水位、温度などのデータの書き換えや記録の削除などがある。測定器が狂っていて値が信用できないという理由である。たしかに、地震で大きく揺られた結果として、メータが狂ってしまったということも起こったであろう。

例えば、一号機の原子炉水位計が、三月十二日一二時三五分以降マイナス一七〇〇ミリ（一・七メートル）を示したまま、動かなくなってしまっているのは、明らかに異常である。この水位計を信用すれば、原子炉燃料の上端から一・七メートルより下には一定の水位のまま水が溜まっていたことになる。それでは話が合わないことは明らかで、この水位計は不正確な値を示していた。では、事故直後から三月二十二日昼までにかけて記録されている水位の低下や変動はまったく無意味な情報だろうか？　絶対値は正しくなくても、そこに観測された水位変化の情報は尊重し、検討されるべきものと思われる。

一方、東京電力および原子力安全・保安院（ＪＮＥＳ）は、シミュレーションによる事故解析結果をそれぞれ、五月二十四日および六月六日に公表した。その解析によれば、外部電源喪失後、数時間で原子炉内の水位が急激に低下し、数時間後にははやくも燃料棒のメルトダウンが起こり、原子炉圧力容器に穴があき、そこから蒸気が噴き出し、格納容器に充満したというストーリーである。

なるほど、核分裂停止後の崩壊熱が炉水の蒸発に使われたとすれば、簡単な計算により、およそ深さ一〇メートルの水が四時間程度でなくなっても不思議ではない。* しかし、全電源喪失後、一号機では、少なくとも一時的には、アイソレーション・コンデンサ（ＩＣ、隔離時復水器）が動いていた。ＩＣは電源を使わず、蒸気が重心で循環することを利用するシステムである。（二号機、三号機には、替わりに、やはり水蒸気駆動の隔離時冷却系がある。）一号機のＩＣはＡ系、Ｂ系の二系統があり、Ｂ系については動いていたのかどうか記載がない。東電は動いていなかったと述べているが、疑問が残る。これらＩＣが動いていれば、冷却水が原子炉に供給されるので、水位低下は起こらず、この機能が失われたときに炉圧が上昇して異常が発生すると考えられる。

＊筆者の計算によれば、水位変化 dh と崩壊熱の dQ との関係は、

$$dh = (M/\rho \cdot \Delta H \cdot S_0)\, dQ \cong 3.34 \times 10^{-6}\mathrm{cm} / \mathrm{kJ} \cdot dQ$$

ここで、Ｍは水の分子量（＝18）、ρ は二八八℃での水の密度（＝0.736g/cm^3）、ΔH は水の蒸発熱（＝40.66 kJ/mol）、S_0 は原子炉圧力容器のおよその断面積（＝18m^2）である。崩壊熱データは、ＡＥＳＪ推奨値（原子力安全委員会、一九九二年六月十一日）による。

しかし、炉水位記録によれば、当初、燃料棒上端から五メートル上方にあった水位が、地震発生後六時間余を経過した三月十一日二一時三〇分にすでに四五〇ミリに降下している（それ以前の記録なし）が、二三時三〇分には一三〇〇ミリ（燃料棒上方一・三メートル）に回復し、翌日

の三月十二日午前六時過ぎ（外部電源喪失一五時間後）までその水位を保っていて、燃料棒露出によるメルトダウンは考えられない。

その後、水位はマイナス一七〇〇ミリまで、約六時間かけて再降下する。その降下量は、この時期の発熱量を約六六〇〇kW（崩壊熱〇・五％として計算）と推定して、毎時〇・八メートル程度になる。注水によると考えられる水位降下の停滞も観測されていることから、この水位変化はよくあっていると言えよう。この水位計の指示が意味するところは、メルトダウンはこのプロセス以降（地震発生後一六時間以上後）でなければならないということである。したがって、地震発生当日のごく初期にメルトダウンを起こしたというようなシミュレーションが正しいとは信じ難い。

事故の調査・解析は、現場に残された記録を尊重しながら、それが妥当なデータかどうか、考察を加えつつ検証してゆくものであると考えている。シミュレーションを先行させ、それに合わないデータは、計器不良として切り捨てるような解析はおかしいのではなかろうか。政府の「事故調」は、このような解析による先入観にとらわれることなく、事実を明らかにしていただきたい。

私たちのグループ（「柏崎刈羽原発の閉鎖を訴える科学者・技術者の会」）は、付録に添付した「見解1、2、3」で示したように、事故直後の早い時期から、一号機、二号機、三号機の事故進展は、地震動による配管や機器の破損が強く疑われることを示唆してきた。この東電や保安院の解析は、地震による破損は考えずに、メルトダウンによって穴があき、水蒸気が噴出し、水素爆発などを起こしたという説である。

だが、そうであるならば、一号機や三号機では、格納容器上方の建屋で水素爆発を起こし、二号機では、格納容器下方の圧力抑制室（サプレッションチェンバー）付近で水素爆発を起こしたのはなぜか？　それをどう説明するのか？　このようなちがいはシステムに不具合がなければ生じないのではなかろうか。

最近、マークⅠ型格納容器の設計にかつてたずさわっていた渡辺敦雄氏（元東芝設計技術者、元沼津工専教授）が、この型の格納容器には設計上の問題があり、内部で議論されていたことを明らかにした。サプレッションチェンバーに水蒸気を送り込む管が振動によって上下し、蒸気を水中へ導けない可能性があることについてである。そうであれば、水蒸気が格納容器上部のドライウェルに直接流入し、格納容器の圧力を上昇させてしまうことになる。この欠陥が事実であれば、日本にあるマークⅠ型格納容器をもつ原発*はいずれも根本から設計を見直さねばならない。

＊マークⅠ型……女川一号、福島第一の一～五号、敦賀一号、島根一号。マークⅠ改良型……東通、女川二、三号、福島第一の六号、浜岡三、四号の計一四基。

東電や保安院は、津波による非常用ディーゼル電源の喪失が事故の根本原因であり、地震動による配管や機器の破損がなくてもメルトダウンになるということを強調しているように見受けられる。それは津波対策さえすれば原発は安全だという主張につながる。それが事実かどうか、原発存続派と原発廃止派の争点の一つである。

②放射線汚染の拡がりと影響の評価

政府と安全委員会は、事故当初から放射線汚染を過小評価し、周辺住民の避難を遅らせ、防げるはずの放射線被曝をさせた。避難による混乱や補償問題が念頭にあったとすれば、許しがたい対応であったと考える。政府のSPEEDIによる予測を直後に公表し、役立てようとしなかったことも、事態を深刻なものにした。事故直後に今中哲二氏（京大原子炉実験所）のグループが飯舘村などに調査に入り、三〇キロ圏外のその地域がいちじるしい汚染に見舞われていることを、足で歩いて得た事実をもって示した。

文科省とアメリカエネルギー省（DOE）が四月六日から二十九日にかけて行った航空機モニタリングによる調査結果は、大地と土の汚染が福島県の広い地域に拡がっていることを示した。**図1**は、そのなかのセシウム134、137の地表面への蓄積量を示した図である。一平方メートル三〇〇万ベクレルを超える高濃度汚染地域が、第一原発から北西方向に三〇キロ圏を超えて拡がり、さらにその先には飯舘村全域や川俣町、伊達市を含む一〇〇万ベクレルの地域が広がっている。半径六〇キロにある人口二九万の福島市の一部やいわき市（人口三〇万）の北部でも六〇万ベクレルを超えた。三〇万ベクレルを超える地域となると、二本松市、本宮市、郡山市なども入る。

この拡がりをチェルノブィリ事故の場合と比較してみよう。資料によれば、四〇キュリー／km^2以上の高濃度汚染地域の面積はロシア、ベラルーシ、ウクライナをあわせて三一〇〇km^2、一五～四〇キュリー／km^2の範囲の面積は七二〇〇km^2、五～一五キュリー／km^2の面積は一万九一〇〇km^2である（今中哲二編「チェルノブィリ事故による放射線災害」国際協同報告書、技術と人間、一九九八年）。単位が一km^2当たりのキュリー数で記されているので、福島との比較がしにくいので換算すると、一キュリー／km^2＝三万七〇〇〇ベクレル／m^2になる（一キュリーは三七ギガベクレル、

図1　文部科学省及び米国DOEによる航空機モニタリングの結果
（福島第一原子力発電所から80km圏内のセシウム134，137の地表面への蓄積量の合計）

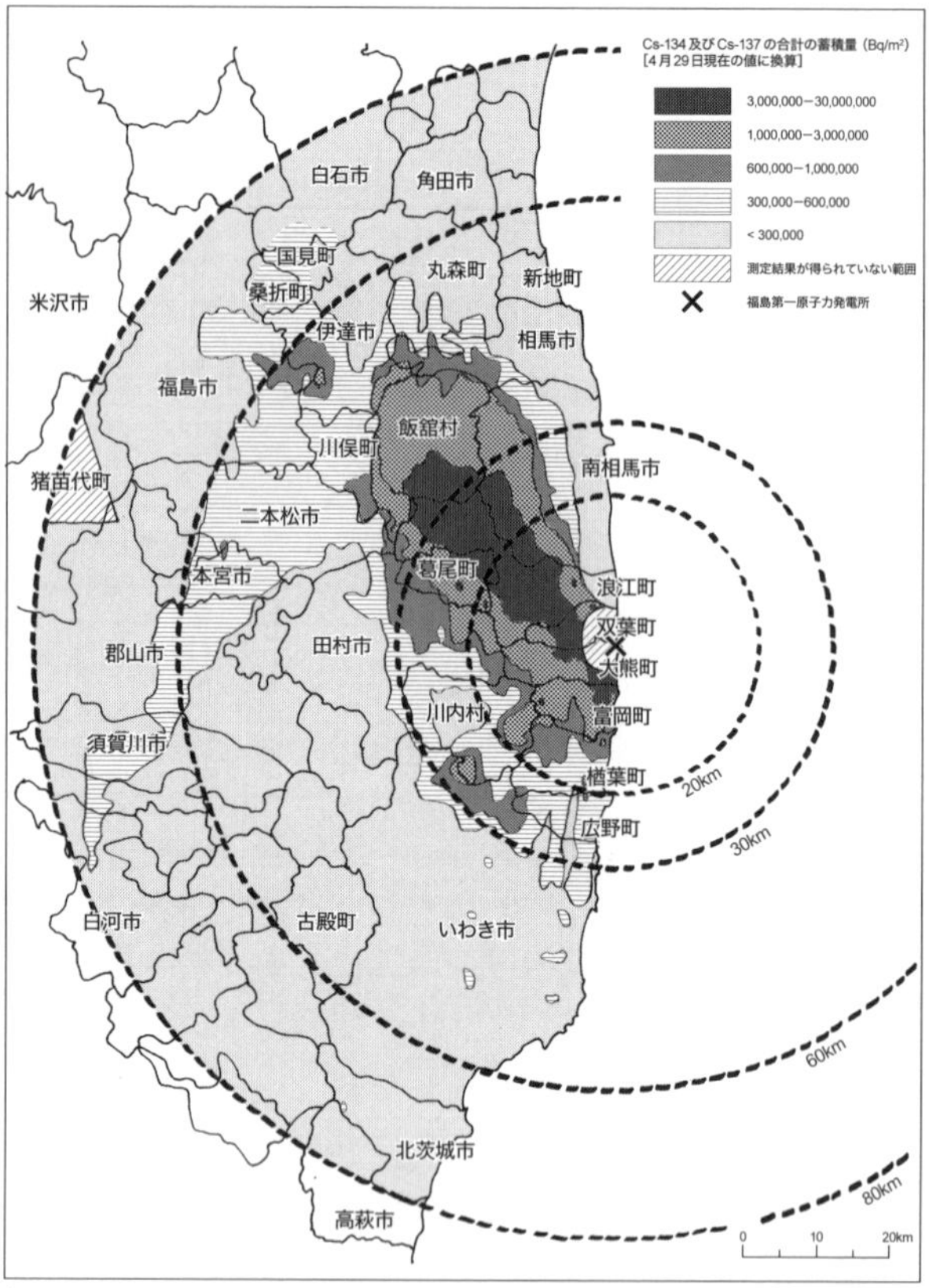

（文部科学省ホームページより）

一km²＝一〇〇万m²）。したがって、もっとも汚染の強い四〇キュリー／km²は一五〇万ベクレル／m²になる。この数値は三〇〇と一〇〇〇の中間なので、**図1**の領域との対応ができないが、浪江町の全域、飯舘村の半ば、南相馬市の西部などを含む広い範囲にわたる。一五キュリー／km²（五五万五〇〇〇ベクレル／m²）は、福島の図でみれば、六〇万ベクレル／m²の地域に相当し、福島市の一部もそれに該当する。五〜一五キュリー／km²（一八・五万〜五五万ベクレル／m²）の区域はほぼ三〇万〜六〇万ベクレル／m²の区域に相当すると考えてよい。

その面積を図上で大ざっぱに概算してみると、一五〇万ベクレル／m²を超える地域はおよそ五〇〇km^2、六〇〜一五〇万ベクレル／m^2の地域は一〇〇〇〇km^2、三〇万〜六〇万ベクレル／m^2の地域は一五〇〇km^2程度と考えられる。

チェルノブィリ原発の場合は、短時間の爆発によって放射能が上空に舞い上がったため、二〇〇キロ離れた地域でも高濃度汚染（ホットスポット）が広がったという特徴があり、福島での汚染の拡がりは、チェルノブィリの数分の一程度であるが、逆に原発近辺の汚染濃度が高いという結果になっている。注目すべきは、チェルノブィリではそれらの汚染地域に対して、強制避難や移住が義務づけられていることである。すなわち、四〇キュリー／km^2（一四八万ベクレル／m^2）以上は強制避難、一五〜四〇キュリー／km^2は義務的移住ゾーン、五〜一五キュリー／km^2は希望すれば移住が認められるゾーンとされている。これを日本に当てはめてみれば、浪江町の全域、飯舘村の半ば、南相馬市の西部などは全域強制避難、福島市や伊達市の一部などは義務的移住ゾーン、その外側の郡山市や二本松市などは希望移住ゾーンに該当する。

そう考えると、チェルノブィリでの義務的移住ゾーンや希望移住ゾーンに該当する福島の汚染地域での移住が、公的にはなんら認められていないことに気づく。これらの地域の人びとは、公的な支援や補償がないまま、自費で、つてを頼って移住している。あるいは、移住の必要性を政府や行政が言わないから、大部分の住民は不安を抱きながらそのまま居住している。これらの地域を「移住すべき地域」、あるいは希望すれば行政の支援のもとで移住できる「希望移住地域」とすべきではなかろうか。特に、小・中学生以下の児童や妊婦の移住は必須のことに思える。

チェルノブィリで今もなお続く汚染の現実を直視することから、被災対策は出発させねばならない。強制避難地域では、二五年を経た今なお、人が住むことはできない。避難住民に遠からず帰還できるような幻想を与え、帰還できない場合の被災対策を立てることを怠っている政府・行政の無策は、恥ずべきものである。

原発サイトで働く作業員の高線量被曝もつぎつぎと伝えられている。大きな水素爆発があった当日、中央管理室でマスクをつけずに作業をした二人の作業員が、六〇〇ミリシーベルトを超える被曝(主としてチリを吸い込んだことによる内部被曝)をしたということが今になって分かった。緊急時の限度として設定した二五〇ミリシーベルト/年以上の深刻な被曝量である。ほかにも限度を超えて被曝した作業員の存在が多数報告されつつある。

住民の被曝にせよ、作業員の被曝にせよ、この国の放射能に対する安全管理意識ははなはだ低いと言わざるを得ない。低線量の被曝は問題ないと公言する専門家の「放射能を正しく怖がる」というキャッチコピーが、「正しくなく怖がらない」ことにつながっているのではなかろうか。もし福島原発事故で、一〇〇万人の人たちが二〇ミリシーベルトの被曝をすると、ICRPの基準[*]で考えても、一〇〇〇人のがん死者が発生すると推定される。

*このICRPの基準には、低線量被曝を甘く見積もっているという批判がなされていて、『ECRR(欧州放射線リスク委員会)二〇一〇年勧告』では、がん死に対して二倍、胎児期被曝後のがんについては、実に二五〇倍という評価をしている。ごく最近(二〇一一年五月)、この勧告の全文が翻訳され、「美浜・大飯・高浜原発に反対する大阪の会」のホームページで読むことができる。この報告書は、ICRPの考え方(被曝量とがん発生率が比例する)が高被曝線量についてのみ妥当なものであり、低線量ではさまざまな要因で比例を上まわる危険が存在するとしている。この報告書は、従来の放射線防護学への包括的な批判になっている。科学コミュニティによる「ピア・

レビュー審査」が、既成概念と合わない論文を消してしまうという弊害の指摘もされている。

このような人為的な高いがん発生を見過ごすことはできない。原子力や放射線防護学の専門家が、がん発生を軽視するのは、そうしないと原子力産業が成り立たないことを直感的に理解しているからではなかろうか。インターネットで拾ったジョーク——津波の専門家「危険だから高台に逃げて下さい」、地震の専門家「安全なところに避難して下さい」、気象の専門家「台風は危険、土砂崩れに注意し、増水した川には近づかないように」、インフルエンザの専門家「新型インフルエンザは感染力が強い、マスクや手洗いを」、対して原子力・放射線医療の専門家は、「放射性物質は安全、低線量なら健康に良い、心配無用、避難の必要はありません」。

③原発の安全性への疑問——原発運転停止への動き

菅直人首相は、五月六日、中部電力に対して、浜岡原発全基の運転停止を求めた。それを受けて、中電は運転中の四号機を十三日に、五号機を十四日に停止させた。迫り来る東海地震を考えればごく自然な結論でありながら、電力業界や経済界の強い反対を押し切って決断したことを歓迎する。廃炉を求めたわけではなく、津波対策などで安全性が確認されるまで、という限定つきではあるが、菅首相が原発推進・新規建設のエネルギー政策を見直し、自然エネルギーを一つの柱とすることを明言したこととあいまって、原発廃止への動きを加速するであろう。

日本の原発は二〇〇五年に五五基、総発電設備容量四九五八万キロワットに達した。その後、浜岡一号機、二号機の閉鎖（二〇〇九年一月）、泊(とまり)三号機の運転開始（二〇〇九年十二月）と続き、今後は十年間に一四基の原発を建設する計画であった。しかし、福島原発事故で、新規建設は見直しとなり、福島第一原発の四基は廃炉となった。現在、とりあえず「生きている」原発は五十基である。しかし、東日本大震災で被災した女川原発（三基）、福島第一原発五、六号機、福島第二原発（四基）、東海第二原発、二〇〇七年の中越沖地震で被災した柏崎刈羽原発（七基）のうち二・三・四号機は、運転再開のめどが立っていない。それら一三基を除くと三七基になるが、そのうち二〇基は定期検査などで休止中であり、現在、稼働しているのはたったの一七基である。

福島原発事故を受けて、斑目春樹委員長が、五月十九日、原発の安全設計審査指針に「長期間にわたる全電源喪失を考慮する必要はない」と規定されているのは、「明らかに間違い」、「こう書かれていることは知っていたが、軽視したのはうかつだった」などと述べたように、安全委員会は、原発の安全設計審査指針の抜本的な見直しに着手せざるを得なくなった。

そうであれば、今動いている日本の原発はすべて停止してから、安全審査をやり直さねばならないはずだが、そのような動きにはなっていない。しかし、休止中の原発を運転再開することや、運転中の原発が定期検査の後、再開することについては、地元住民や自治体首長の了解が簡単に得られる状況ではない。世論調査でも過半数の人たちが原発の即時廃止や段階的廃止を望んでいる。

老朽化について

「生きている」原発五〇基のうち、一九基は、一九七〇年代に運転開始して三〇年以上経つ老朽化（高経年化）原発である。もともと原発は、三〇年ないし四〇年の寿命を想定して設計されたが、現在は一〇年ごとの審査で、最大六〇年まで運転を継続できることになっている。高経年化により、設備・機器にさまざまな劣化現象が起こるが、最大の問題は、原子炉圧力容器の中性子照射脆化である。これは核分裂によって炉心からでる中性子を浴びて、圧力容器の鋼材がもろくなる現象である。その目安となるのが脆性遷移温度で、それより低い温度で容器に力が加わると陶磁器のようにパリンと割れてしまう現象である。圧力容器が破壊されれば、核反応を制御する方法はなく、究極の苛酷事故になる。

炉内に挿入された監視試験片で、もっとも高い脆性遷移温度が観測されたのは、玄海一号炉（一九七六年三月運転開始）で、九八℃に達していた。これは二〇〇九年四月時点での観測データであるが、前回（一九九三年二月）の観測値五六℃からは予想できない異常な上昇である。九八℃というような高い脆性遷移温度の原子炉は、緊急炉心冷却装置（ＥＣＣＳ）が働いて炉壁が急冷された場合に、熱応力によって破壊される危険が大きい。また、起動時の昇温・昇圧、あるいは、停止時の降温・降圧の際も、十分な注意が必要で、はなはだ危険な炉だと言わざるを得ない。（詳しくは『科学』二〇一一年七月号の拙稿参照）

玄海一号に次いで脆性遷移温度が高い炉を順に列記すると、美浜一号炉（母材七四℃、溶接金属八一℃）、美浜二号（七八℃）、大飯二号（七〇℃）、高浜一号（五四℃）、敦賀一号（五一℃）となる。これら五基はいずれも関西電力の炉で、福井県に密集している。このうち、一九七〇年に運転開始された敦賀一号および美浜一号は、四〇年を越えての運転に入っている。原発は、地震や津波だけで事故を起こすわけではない。それ以外にも事故要因は、さまざまな機器の故障・

劣化や人為ミス、さらには、テロや航空機の突入などを含めてさまざまある。これらの老朽化原子炉は配管破断などの異常時に圧力容器が破壊してしまう危険があるのだから、まっさきに廃炉にすべきリスクの高い原発である。

"脱原発"に向かう世界

そういう状況のなかで、原発なしでは停電が起こる、日本の産業は成り立たない、という主張が産業界を中心に強く表明されている。原発を止めるとエネルギー事情はどうなるのか、それが原発存続派と廃止派の大きな争点になっている。原発廃止派の主張である、

・発電設備容量は原発を除いてもピーク電力をカバーするに十分であること

・二〇〇三年夏、配管・シュラウドのひび割れ隠しが発端になって東京電力の全原発一七基が運転停止したが停電は起こらなかったこと

は、原発なしで生活できる論拠を示しているのではなかろうか。それに対して、電力業界などの原発存続派は、日本経済が電力不足で失速するという宣伝を繰り広げている。しかし、皮肉なことに経済の不況は電力が十分あった震災前からのことである。今、人びとの間では、都市における無駄な電力消費を減らそうという気運が高まっている。今年の夏は、東京電力管内でも、浜岡を止めた中部電力でも、また原発が電力供給の五〇%を越える関西電力管内でも供給不足、停電という事態は起こらないと期待される。

世界に目を転ずれば、福島原発事故を受けて、ドイツ・イタリアなど各国で民衆の反原発運動

が高まっている。それを受けて、ドイツでは、原発存続へと方針転換していたメルケル政権が、原発廃止へと再転換し、一九七〇年代建設の老朽化原発七基の即時廃炉を決めた。イタリアでは、国民投票で、将来にわたって原発拒否を決めた。タイやインド、台湾、韓国などでも反原発の気運が高まっている。中国は原発推進の方針を変えていないが、もともと中国は「原発一辺倒」ではない。二〇〇七年以降、風力発電の導入が急速に伸びている。世界全体でも、二〇一〇年に建設された風力発電の設備容量は三五〇〇万キロワット、太陽光発電は一五〇〇万キロワットを越えた。また、風力、太陽光、バイオマス、小規模水力の合計の設備容量は二〇一〇年には三億八一〇〇万キロワットに達し、原発の設備容量三億七五〇〇万キロワットを超えたという（ワールドウォッチ研究所レポート、『毎日新聞』二〇一一年四月十七日朝刊による）。

このように、原子力から自然エネルギーへ向かう世界的な趨勢は明らかだが、最大のネックは原発大国フランスの動向である。フランスは全電力の八〇％を原子力で賄い、ドイツやイタリアへも電力を輸出している。また、全世界で原発ビジネスを展開している。全世界の核兵器・原子力産業と結びついたフランス政府の方針を転換させないかぎり、原発は終焉には向かわない。フランス政府が原発推進に躍起であることに対し、「原発の是非は政府でなく国民自身が決めるべきだというイタリアの考えが、今後、世界に広がることを願っている」（六月十四日、『毎日』朝刊）という国民投票提唱者の下院議員の考えが現実を動かしてゆくことを期待したい。日本が脱原発の道へ向かうことができるのかどうか、そのことは全世界的にみて重要な結節点でもある。

〈付録1〉「福島原発震災」をどう見るか——私たちの見解

柏崎刈羽原発の閉鎖を訴える科学者・技術者の会

その一　二〇一一年三月二十三日

福島第一原発では、二〇一一年三月十一日の東北地方太平洋沖地震発生から十日以上を過ぎた今も、原子炉炉心の冷却が進まず、この重大事故がどのように収束するのか予断を許さない深刻な事態が続いています。

現在の事態が示しているのは、日本全土に立地する原発が、地震・津波に対して、いかに脆弱であるか、他の場所で大きな地震が起これば、第二、第三の「福島原発震災」が再現する可能性が十分あるということではないでしょうか。とくに、二〇〇七年の新潟県中越沖地震で被災した柏崎刈羽原発、太平洋プレートに面した浜岡原発などで、近い将来、福島原発と同様の事故が起こる危険性を過小に見積もることはできません。

先の地震で被災した柏崎刈羽原発の安易な運転再開を危惧してきた私たち「柏崎刈羽原発の閉鎖を訴える科学者・技術者の会」では、この深刻な事態をどのように受け止めるべきか、また、事業者や政府に何を要求すべきかを議論しました。ここでまとめた私たちの考えは以下の通りです。

1 福島原発では何が起こり、今どういう状態にあるのか

情報の公開が不当にも極めて不十分な現状において、明確な事故進展経過を描くことはできない。また、炉内の計測器（温度計など）の多くが破損されたと思われる状況では、今後とも真相が分からぬままに終わるという可能性もある。知りえた情報のもとでの私たちの現状認識は次の通りである。

福島第一原発では、一号・二号・三号機が運転中であり、四号・五号・六号機は定期検査中であった。また、第二原発では全四基が運転中で、運転中の原子炉は、地震の際、いずれも制御棒が自動挿入され、燃料の核分裂反応は停止した。しかし、福島第一原発では外部電源が喪失し、しかも、非常用のディーゼル発電機が故障し、燃料タンクも流出したと伝えられている。その結果、停止後直ちに必要な炉心冷却が不可能になった。

■原子炉圧力容器と格納容器

冷却水を喪失した福島第一原発の一号・二号・三号機内では、核分裂生成物の崩壊熱によって炉水が蒸発して水位が下がり、燃料棒が水面上に露出することになった。この状態が継続すると、燃料棒の溶解（メルト）は時間の問題であった。

東京電力は、外部からの消防ポンプを配管につなぎ原子炉内に水を注入しようとしたが、給水タンクから水を供給できなかったためであろう、注水に失敗し、炉の水位は低下し続けた。一号機においてそのような事態が確認された時点で海水を用いての給水が検討されたが、原子炉が廃炉となることを怖れて見送ったと伝えられている。海水による給水が決断されたのは一号機の水素爆発が起こってからであった。この間に事態は急激に悪化していた。

炉水が蒸発して原子炉圧力容器内の圧力が上昇すると、その圧力を低減するため、安全弁が開き、圧力容器内の水蒸気が、格納容器の圧力抑制室（サプレッションチェンバー）に送られるようになっている。そのとき、圧力容器内の水位が下がるので、安全弁を継続的に開いていると、燃料棒が水面の上に露出する。冷却水を失った燃料棒の温度が上昇し、燃料棒の被覆管であるジルコニウ

ム合金（ジルカロイ）が、水蒸気と化学反応を起こし、水素が発生したと考えられる。

この格納容器に送られた水素が、一号、二号、三号機の爆発の原因であると考えられるが、一号と三号では建屋上部で水素爆発を起こし、二号は下部の圧力抑制室で爆発がおこった。なぜそのような違いがでたかは検証が必要である。二号機の場合、地震の影響で、圧力抑制室がすでに破損していた可能性がある。

■使用済み燃料プール

三月十五日に、四号機の使用済み燃料プールで水素爆発が起こり、続いて十六日に三号機が白煙をあげた。これは、炉内から取り出して保管されていた使用済み燃料がプール内の水が減ったことにより、大気中に露出し、水蒸気と反応して発生した水素が酸素と反応して爆発を起こしたと考えられる。

プール内で燃料棒が露出した原因としては、通常の蒸発だけでなく、地震の際のスロッシング（燃料プールが揺さぶられたことによって水面が上下すること）によって、プール内の水が、大量にこぼれて出たのではないかと考えられる。

三号機・四号機の燃料プールには、その後、消防車等による海水の放水がおこなわれたが、最終的には電源が回復してポンプが起動し冷却水が循環することが不可欠である。

なお、三号機、四号機への大量の放水によって、放射能に汚染された水が海や地下水に流れ込むことが懸念され、実際、すでに原発近辺の海からは規制値を大幅に超えるヨウ素ならびにセシウム等の放射性物質が検出され始めた（三月二十二日東電発表）。

■さらなる事故拡大の懸念

三月二十一日になって原発サイトには外部電源が引かれたが、二十三日朝の段階で、いまだ機器への接続はなされていない。いつになったら原子炉内の冷却水の循環が正常に行われるのか見通しは立っていない。崩壊熱の量は時間とともに減少するとはいえ、現在かろうじて維持されている放熱と冷却とのバランスが崩れて、溶けた燃料が沈下し、圧力容器や格納容器の底を抜く危険性は消えていない。また、再臨界の可能性もある。

東京電力は、三月十四日と十五日に、中性子線の放出を観測したと報道されている。これが事実だとすれば、再臨界が起こって核分裂反応が生じた可能性がある。再臨界は、原子炉内だけでなく、燃料プールでも起こりうる。地震の際、クレーンやマニピュレーターが落下し、燃料棒を隔離・保持していたラックが崩れ、燃料棒同士が接近した可能性が否定できない。

2 放出され続けている放射能の危険性について

福島第一原発からの放射能（放射線物質）の放出が続いている。原発敷地周辺で高濃度の汚染が観測されるとともに、東日本の広い範囲にわたって原発事故に起因する放射能が観測された。福島県や関東各県では農産物（牛乳やホウレン草）で食品衛生法の暫定基準値を超える汚染が報告された（三月二十一日）。また、原発サイト周辺の海水の汚染も確認され、海産物への影響も心配である。

放射能汚染のレベルをどのように考えるべきなのか、避難の行動をとるべきなのかどうか、また農産物を食べてよいのかどうか。それらの問題について私たちの考えを述べたい。

放射性物質の放出量について東京電力は何らの発表を行っておらず、そのことが放射能汚染の全容を把握することを困難にしている。また観測モニタの測定値についての報告も不十分である。各都県の測定値と、それにもとづいた拡散シミュレーションも発表されていない。このような状況が、汚染についての適確な判断を下すことを困難にしている。

私たちが汚染状況を判断し、行動するに当たって、外部被曝と内部被曝とを明確に区別して考察することも不可欠である。原発サイト内あるいは上空での放射線量には、露出した燃料棒からの直接的な放射線量の寄与も大きいと考えられるが、原発近隣を含め、そこから離れた地域での放射線被曝は、大気中に放出された放射性物質からのものである。これらは外部から放射線をあびせるだけでなく、体内に取り込まれて内部被曝を起こす。

体内に取り込まれた粒子から放出されるアルファ線やベータ線は飛程が短く（アルファ線では四〇μm程度）その粒子からごく近くの組織を集中的に破壊するので、がん発生率が大きくなる。そのような効果を考慮すると、被曝線量規制値はＩＣＲＰ報告より厳しく評価すべきだという見解も出されている。

■原発サイトにおける被曝労働

原発サイトでは、敷地内のモニタや上空で一〇〇mSv／hを超す高い放射線量が観測され、作業も度々中断されている。原子炉を安定化させ危機を回避するための作業は、急ぎ行わなければならないが、作業員（東京電力と下請け企業の社員、消防隊員、自衛隊員等）の被曝労働は極力避けねばならない。厚生労働省は被曝線量限度値（法定限度）を一〇〇mSvから二五〇mSvに引き上げた。これが、作業における被曝線量を過小評価することや、被曝労働の強制につながるものであってはならない。

■周辺三〇㎞圏での退避の必要性

原子力安全委員会の定めた防災指針の規準（予測線量五〇mSv以上で退避、一〇mSv以上で屋内退避）を適用するに当って、どういう予測にもとづいて現在の退避範囲（福島第一原発から二〇km圏内は圏外への退避、三〇km圏内は屋内退避）が設定されたのかが不明確である。事態を過小評価している危険が大きい。特に、三〇km圏内の屋内退避を強いられている方々には、救援物資が滞る（運送業者が立入りを望まない）という事態が生じており、一刻もはやく圏外退避を決めるべきことを政府に求める。

■周辺八〇㎞圏内からの退避について

アメリカ政府は、福島第一原発周辺八〇km（五〇マイル）圏内からの自国民の退避を決め、多くの国々も同様の措置をとっている。この判断は一定の根拠にもとづいておこなわれたものであると考えられるので、その地域に居住する日本人にも何らかの危険が生じうると考えるべきではないか。

実際に圏外に退避できるかどうかは、生活環境や、周りの人びととのつながり、退避先の有無など条件はさまざまであろう。しかしながら、妊婦（胎児）・幼児・青少年など被曝の影響が大きく現れる人びとは、優先して退避させるべきである。

■首都圏など二〇〇㎞圏内での対応

首都圏など二〇〇km圏内でも、一μSv／hに達する放射線量が観測されている。この放射線量を一年間（八七六〇時間）浴び続けると八・七六mSvとなり、公衆被曝の法定限度一mSv／年を超える。日本人が浴びるとされる自然放射量一・二mSv／年と同程度であるとされるが、内部被曝が加わることを考えると、この線量を被曝し続けて安全だとは言えない。

問題は、事態がどのような期間ののち収束に向かうのかである。原発サイトで何が起こるか、放射能の放出量がどう変化するか、注意深く監視していく必要がある。

■農作物などへの影響

福島県内の牛乳、茨城県など関東各県の野菜（ホウレン草など）に食品衛生法の暫定基準を超える放射能汚染が検出され始めた。食の安全が脅かされつつある。また、原子力災害対策特別措置法の規定にもとづいて出荷停止措置が発動され、生産農家は農産物の廃棄を余儀なくされている。この状態がいつまで続くのか、場合によっては東日本各地の農業生産が大打撃を受けようとしている。

3　柏崎刈羽原発被災の経験は生かされなかった

今から考えれば、かろうじて大事故に至らなかった柏崎刈羽原発の被災は、日本の原発政策への警告であった。私たちはこの四年間、そのことを言い続けてきた。しかし、不幸にも、柏崎刈羽の経験は生かされなかった。そのことに私たちは強い憤りを感じている。

■地震・津波の過小評価

今回の原発事故はM九・〇という巨大地震と津波によるものであって、想定外のことであったという「言い訳」が、今まで原発災害の可能性を否定してきた人たちの口から出はじめている。しかし、私たちは二〇〇四年十二月二十六日にはM九・〇というスマトラ沖地震と大津波を経験しているのであって、今回の地震を想定外のものというわけにはゆかない。津波（地震随伴事象という名称で審議されている）の予測は不十分であり、実際、流出したとされる第一原発の燃料タンクは水面近くに設置されていて無防備だった。

■海水注入の遅れ

伝えられるところによれば、東京電力は地震発生の翌日の三月十二日午前という早い段階で、付近の海岸からの海水注入を検討したという。しかし、東電がそれを実施したのは、炉内の状況が悪化して、一号機の爆発が起って、首相が海水注入を命じた同日の夜になってからだった。ほかの原子炉ではさらに遅れ、十三日以降になった。燃料プールへの注水も火災爆発が発生した十五日になってからだった。これらの注水の遅れが事故をさらに拡大させた。

東京電力が海水注入を渋ったのは、そのことにより原発施設が二度と使えなくなることを恐れたためだと言われている。もしそうであるならば、安全性よりも利益を優先するこの東京電力の姿勢、それに追従する原子力安全・保安院、学者という構図は、柏崎刈羽原発の運転再開に際してのいいかげんな安全審査の構図と同様のものだった。

■情報公開の遅れ

発電炉内のさまざまな設備の破損状態や原子炉運転操作上重要な炉内各パラメータのデータがなかなか開示されず、現在でもまだリアルタイムでの開示がなされていない。これらの情報を広く開示することは、当事者のみならず、かたずを呑んで見守っている多くの科学者・技術者が、今後の状況を予測し、適切な助言をするためにぜひとも必要なことである。例えば海水注入についての助言をより早く官邸に届けられた可能性がある。

放射性物質の放出量についての情報についても同様である。今もって放出量の推定値が発表されていない。サイト内の放射線モニタリングポストのリアルタイムの情報も公開されず、それらのポストの増設や常時の監視ビデオ設置もされていない。また、政府は、福島県内外各地の放射線モニタリングポストのデータを集約し、放射能拡散予測のシミュレーションを行って結果を速やかに公開してゆくべきであるが、それもされていない。

4 柏崎刈羽原発の今後についての要求

新潟県地元三団体と「原発からいのちとふるさとを守る県民の会」は、新潟県知事・柏崎刈羽市長・刈羽村村長宛、および東京電力社長宛に、運転再開された四基の原発の即時運転停止を求める申し入れをおこなった。私たちは、この申し入れを強く支持する。

また、このような原発災害を予測せず、その可能性を否定してきた学者たちが県技術委員会委員などとして安全審査に当たっていることに異議申し立てをしていることを、私たちは支持する。技術委員会メンバーを刷新し、原発の安全に対して懸念を示してきた学者や現場を知る技術者、および市民のなかから選ばれたメンバーによって再構成されることを求める。

国の原発安全審査に当ってきた原子力安全・保安院と原子力安全委員会の責任は重大である。日本の安全審査の体制は、米国の国家規制委員会（ＮＲＣ）などにくらべてもいちじるしく見劣りするものである。想定をはるかに上回った地震動を受けた柏崎刈羽原発の経験を踏まえて、国は全国各地の原発のバックチェック（見直し）を実行し、福島原発もそのなかに含まれていた。しかし、その見直しが甘いものであることが今回の「原発震災」で明らかになった。

「柏崎刈羽原発の閉鎖を訴える科学者・技術者の会」に結集した科学者・技術者は、市民と協力しながら、地震動評価や設備機器の耐震安全性評価について折に触れ意見を述べてきた。自然を対象にした地震動評価のみならず、人が作る設備機器の安全性評価においても、未知な領域が存在することによる不確実性がかならず伴うものである。それを「まれ」な事象であるとして「工学的判断」の名のもとに切り捨て、被災した柏崎刈羽原発の運転再開が進められてきた。そのような評価のあり方が間違いであることを私たちは訴えてきたが、今回の「原発震災」でそれが明らかになった。

私たちは、日本から「原発震災」をなくす活動を今後も続けてゆく決意である。

以上

その二　二〇一一年四月七日

事故から三週間余。福島第一原発の危機は続き、長いトンネルの向こうは見えません。たとえ、格納容器や圧力容器の大破、大量の放射性物質の爆発的流出という最悪の事態が避けられたとしても、今後、長期にわたる放射性物質の流出は続くでしょう。すでに汚された現場周辺の大気、水、土はさらに汚され、汚染地帯は広がります。この「暗い絵」から目をそらすことは許されないと、私たちは考えます。

この間、危機と闘いながら必死に働いている現場作業員が酷い被曝を被っていること、高濃度の放射能を帯びた大量の水が原子炉から流れ出し、海洋を汚していることが報告されました。農畜産物や水産物が汚され、あるいは売れなくなり、仕事ができなくなった農民・漁民の苦境も連日報道されています。原発事故がいかに人々の生命と生活を破壊するか、私たちは、その現実を目の当たりにしています。

私たちの会、そして原発を批判する多くの人々が、大地震・津波が起これば、このようなことが起こるかもしれないと警告してきました。にもかかわらず、国と事業者、それに連なる学者たちは、「原発は絶対安全」「CO_2を出さない原発はクリーンエネルギー」といった無責任なプロパガンダを止めず、今日の事態を招いたのです。

今、福島原発でなにが起きているか。「第二の福島原発震災」を起こさないためには、何が必要か。私たちの見解をここにまとめました。（当会では三月二十三日に最初の「見解」を発表していますのであわせてご覧下さい）

1 福島第一原発は今どういう状態にあるか

事故は新たな様相をみせ、長期化しつつある。地震から一ヶ月近く経った今も収束の見通しはたっていない。

■1―1 タービン建屋地下での作業員の高線量被曝

三月二十四日には、三号機タービン建屋地下でケーブル敷設作業をおこなっていた三人の作業員が高濃度の汚染水に浸かり、一八〇mSv（ミリシーベルト）の全身被曝をした。足に浴びた放射線量は二・六Svと推定されている。後で述べるように、原子炉圧力容器からの高濃度汚染水が格納容器外へ流出していることが把握されていたのにもかかわらず、このような被曝労働がなされていたことに強い憤りを感じる。さらに、線量計を持たずに作業させられていたという法律違反の劣悪な作業環境も報道されている。緊急時の対応とは言え、作業員の安全と健康の確保は、事業者の当然の義務であることを忘れてはならない。

■1―2 原子炉圧力容器の破損

この三号機タービン建屋地下の汚染水は、三九〇万ベクレル／ccの高濃度で、しかも半減期八日のヨウ素131を多量に含むことから、燃料プールではなく、原子炉内の核分裂生成物（いわゆる死の灰）が漏れ出たものと考えざるを得ない。二十八日には、三八〇万ベクレル／ccの放射能が一号機タービン建屋地下で検出された。二号機では、水表面で一Sv／h強という一〇分ほどで急性障害が生じるほどの汚染が観測された。これらの事実は、運転中の三つの原子炉とも、圧力容器内の燃料棒が破損・

溶融し、燃料棒中の核分裂生成物を含む炉水が格納容器外へ流出するというきわめて深刻な状況に陥っていることを示している。

なお、二号機のたまり水から高濃度（二九億ベクレル／cc）のヨウ素134が検出されたとの原子力安全・保安院の発表があったが、その後取り消された。ヨウ素134は、半減期五三分の短寿命核種であり、それが高濃度で検出されるということは、再臨界が起こって核分裂反応が再開したことを意味する。そのような最も重要な情報が、その意味も検討されず、測定者の誤認がノーチェックで東京電力の発表になり、保安院の発表になるという判断能力の低さ・無責任体制に驚くばかりである。

原子炉内の温度、圧力、水温として東京電力が示している数値は、原子炉圧力容器が少なくとも部分的に破損しているか、圧力容器に直接つながっている配管が破損していることを示している。三月二十日から二十三日にかけては、一号機の原子炉圧力容器底部外壁に設置されている温度計（熱電対）が最高四〇〇℃を示し、十九日から二十日にかけては三号機で同じく三五〇℃を示した。このとき炉内の圧力は水の平衡蒸気圧よりはるかに低い三・四気圧程度であり、底部にもほとんど水がなかったことを示していると考えられる。その後、温度計の指示は一四〇℃・一一〇℃程度に下がったので、注入された水が一部底部にたまり始めたと推測される。東電の測定*によれば、約四メートルある燃料棒の中程の水位以下になっている。燃料棒が今でも原形をとどめているとすれば、その半ば以上が水面上にむき出しになっていることになる。上部給水ノズル部の温度が依然として高いのは、そのふく射熱によるものと考えられる。

*原子炉内の水位は、圧力容器上部の汽水分離器下端の圧力と、燃料棒下部の高さの位置での圧力との差によって測定している。しかし、東電の発表データでは、一号機では三月十三日以降、温度計が四〇〇℃を示した時期を含めて、その水位は、マイナス一八〇〇からマイナス一六〇〇ミリの範囲を動かず、三号機でも三月二十二日以降マイナス二二五〇からマイナス二三〇〇ミリの範囲に止まっている。水位計が壊れている可能性が高い。

■1―3　格納容器の閉じ込め機能の喪失

タービン建屋地下に高濃度の汚染水が流出したという事実は、格納容器が破損した、ということを示している。格納容器の目的は、こうした事故時に、放射能を外部に漏洩させないように閉じこめる最後の砦であった。

高濃度の汚染水は、原子炉圧力容器の底に、溶融した燃料が到達し、制御棒や中性子計測器挿入孔の溶接金属（ニッケル合金）が反応して溶け、その穴から汚染水が噴き出したか、圧力容器配管に破損が生じてそこから噴き出したか、であろうと考えられる。本来、閉じ込め機能を果たすべき格納容器の境界を越えて、高濃度の汚染水が外部へ流失しているということはきわめて重大な問題である。三月十六日以降の東電発表によれば、格納容器内の放射線量は一・三号機とも五〇・一〇〇Sv／h（最大値）にも達する異常に高いもので、圧力容器内の燃料が相当量溶け落ちている可能性を示唆している。

■1―4　放射能汚染水の海への大量放流

原子炉炉心の冷却水は循環しておらず、炉心へ注入された水は、高濃度汚染水となって格納容器内に流入し、その破損箇所からタービン建屋など敷地内に大量に流出している。三十一日現在、満水になった各号機の復水器の水をサージタンクと呼ばれる貯水槽に移し始めているが、冷却水の放水が続くかぎり、遠からずそれも満水になることは明らかである。私たちは、バージ船を集めて、それらの水を運び出すことを政府に具体的に提案した。

しかし、対策は後手後手にまわり、四月四日には、溜めてあった敷地内の低濃度汚染水を海に放出するという非常手段を実行するに至った。

■1―5　事故はいつ収束するのか

原子炉内にある燃料棒は、冷却水によって冷やし続けねばならない。その冷却水がたれ流しにならないためには冷却水の循環システムが回復されねばならない。そのためには、ポンプに動力（電源）と水が供給され、循環系統（原子炉本体や配管）に穴があいていないことが必要である。しかし、現状は、圧力容器の底か配管が壊れていて水の循環はできない。高い放射線レベルの現場でその修理は不可能であり、冷却水の循環が回復する見込みはきわめて薄い。

崩壊熱の放出量は徐々に下がってゆくが、冷却水が必要でなくなるには年単位の年月が必要であると考えられている。使用済み燃料プールにある燃料棒の崩壊熱についてもほぼ同様で、冷却水の循環が回復できるかどうかがポイントである。今後、不測の事態が起こらなくても、事故が長期にわたって続くことは避けられず、その間に続く環境（大気と水）への放射性物質の放出は膨大なものとなる。その放出量の多さは、チェルノブィリ原発事故（一九八六年）と並ぶ可能性がある。

2　放射能汚染はどこまで拡がり、いつまで続くか

■2―1　福島県の危機的な状況

二〇～三〇km圏区域は、屋内退避から自主避難勧告へと変ったが、人びとの生活に支障や混乱が生じているという事態に変りはない。三〇km圏内やその外側でも避難する人びとが増えている。現在続いている汚染状況は十分予測可能であった。圏外への避難勧告は、当初からなされているべきであったし、一刻も早くなされるべきである。

次の問題は五〇km圏内外である。この範囲には福島市（人口二九万人）、郡山市（三四万人）、いわき市（三五万人）など地域の中核都市がある。四月二日に福島県が発表したデータによれば、福島第一原発から北西へ約六三km離れた福島市での放射線量は、三月二十九日から四月二日の間で二・三九～三・三一μSv／h、西へ約六一km離れた郡山市では二・二七～二・七九μSv／hとなっている。五日間昼夜ほぼ同レベルの高い値である。この数値は、福島市では三号機建屋の水素爆発があった翌日の三月十五日夜の最高値二二・八μSv／hから徐々に低下したが、郡山市では当初の三μSv／hから、いったん一μSv／h台に下がった後、再び二μSv／h台に増えている。一方、南へ約四三kmのいわき市では、三月二十一日に五・〇四μSv／hという高い値を示したがその後は〇・六μSv／h程度に下がってきている。これら三市間の違いは、原発からの距離だけでなく、風向きや地形などの気象条件が大きく影響していることは間違いない。

三月十五日から四月二日までの福島市での累積線量は、三mSvを超えている。また、今後、現在の状態が変らず続くとすると、そこに住み続けた場合、年間被曝線量は、二二mSv（＝二・五μSv／h×二四h×三六五日）になる。この数値は非常に高いもので、妊婦・乳幼児・子供が住み続けるには危険なレベルである。大人でも、できうるならば住み続けないという選択が望ましいレベルである。

ここに住む人たちがどういう行動をとるべきなのか、政府も自治体も、またわれわれも明確な解答をもたないが、予防的な見地から、特に妊婦・乳幼児・子どもについては、「学童疎開」などの措置を、自治体において検

討すべきではないか。大人についても、放射線モニタリングのデータを注意深く監視しながら、危険な地域を明確にして退避勧告をするのが望ましいが、対象地域は福島県の人口二〇〇万人の半ばを超えており、非常な困難が待ち受けている。すでに事態はそういうレベルに達したということをわれわれは認識すべきであろう。

■2―2　ICRPによる被曝限度引き上げの提案

このような汚染の拡がりに対処するため、居住者の被曝限度をゆるめようという動きがある。ICRP（国際放射線防護委員会）は、非常時の措置として取り決めた参考値を示し、居住者の被曝限度を大幅に引き上げる提案を、三月二十一日におこなった。現在の被曝限度は年間一mSvであるが、年間二〇mSvまで居住できることになる。

放射線被曝に関するICRPの勧告におけるがん死率評価を用いると、一〇万人の都市の住民が、一人あたり、年間二〇mSvをあびつつ生活すれば、毎年一〇〇人の率でがん死者が新たに発生するという計算になる。その死は他の原因と区別できず、それとわからずに統計的数値の上昇をもたらすだろう。そういうことを考えると、今回のICRPによる居住者の被曝限度引き上げ提案は、被曝によるより多くのがん死を認めようというものであり、大きな問題をはらんでいる。

＊ICRPの二〇〇七年勧告では、一Svの放射線量をあびたとき約五％のがん死者が出るという見積もりのもとに、一般公衆や職業人などの被曝許容限度を決めている。しかし、このICRPの見積もりは、乳幼児や妊婦、子どもへの評価が抜けていて、過小評価であるという批判が当初より出されている。

■2―3　食べものや土・水の汚染

汚染は、大気にとどまらず土・水・食べ物へと広がり始めた。福島県内だけでなく、東京の水道水や茨城県産の野菜などでも、食品衛生法における暫定規制値を超える数値が観測され、乳幼児の水道水摂取制限勧告や野菜・牛乳の出荷停止措置がとられた。その後、数値はやや減少の傾向にあるが、関東北部から東北南部にかけては、放射能汚染の洗礼を受けた地域になってしまった。土や水の汚染がどのレベルにとどまりうるかは、今後の原発事故の収束状況によるが、爆発などによる大規模な放射能放出が避けられたとしても、事故が長期化し放射性物質が撒き散らされるという状況は数ヶ月間続くと思われる。

敷地周辺の海や地下水の汚染もまた深刻化している。四月二日、二号機の排水口から高濃度のヨウ素131が検出されたが、二号機のトレンチにつながったピットがひび割れて高濃度汚染水が海に流れ込んでいたと発表された。沖合三〇kmの地点でもヨウ素131やセシウム137が観測され、汚染が広い範囲に拡がりつつあることが明らかになった。四月五日、はやくも茨城県北部沿岸で、こうなごに規制値を超える五二六ベクレル／kgの汚染が観測された。ただし、現在は、汚染の初期局面であって、今後生物濃縮によって海洋生物の汚染が深刻化してゆくであろう。

■2―4　農産物を食べることでの連帯

野菜・牛乳の出荷停止措置によって、生産農家はそれら対象品目の廃棄を余儀なくされたばかりか、首都圏を中心とした消費者の福島県・茨城県の農産物に対する「買い控え」によって打撃を受けている。

原発サイトからの放射能の放出とその飛散状況が今後どうなるかによってその程度が変るが、現在、主に問題になっているヨウ素131（半減期八日）による短期の汚染から、セシウム137（半減期三〇年）やセシウム134（半減期二年）による長期の土や水の汚染へとシフトしてゆくであろう。それらを吸収・濃縮した農産物や水産物に、今後、長期にわたって、汚染が続く怖れが大きい。

食品衛生法の暫定基準を超えずに出荷される農産物であっても、放射能の蓄積に無縁ではなくなるだろう。そうであれば、消費者の買い控えはやはり続くであろう。「風評被害」であるとして安全PRをして済ませられる問題ではない。なぜならば、基準値というのは、それ以下ならば食べ続けても安全だというものではないからである。居住環境における被曝線量限度と同じような意味で決められた数値だからである。

一方で、私たちは、福島産や茨城産の農産物を食べないという選択をしていれば良いのだろうか。特に、福島県の人たちは、そこに住み続けられるかという選択を迫られている上に、生産物が売れない（出荷停止ではないから補償もされない）という状況に追い込まれる。これはあまりに酷ではなかろうか。首都圏の人間は、福島原発や柏崎刈羽原発からの電力供給の恩恵に浴してきた。福島原発の電気を望んだわけではないにしても、事実としてそれを使って生活をしてきた。その供給地の人たちが苦境にあるなかで、私たちはなんらかの連帯の気持ちを示すべきではなかろうか。基準値を超えた放射能汚染を受けた農産物は廃棄し、事業者や行政府が補償を行うのは当然である。しかし、基準値以下であるとされて市場に出回る農産物については、その汚染状況に注意を払い、身を守りながら食べるという選択があるのではないか。*もちろん、大人よりもヨウ素131で九倍影響が大きい乳幼児や五倍も影響が大きい子供たちに細心の注意を払わなければならない。

*この意見に対して、当会の中でも、少しでも汚染されたものを食べるという選択を勧めたりするべきではないという意見もあったことを付記する。

3 事業者・保安院・安全委員会・学者の責任を問う

事故直後から、「想定外」の津波でやられたという「言い訳」が、今まで原発災害の可能性を否定していた人たちの口から語られ始めている。本当に「想定外」の地震であり、津波であったのか？

■3―1 大津波は想定できた

マグニチュード九・〇という地震は日本では観測史上初めての巨大地震であったが、二〇〇四年十二月には同じM九・一というスマトラ沖地震と大津波を経験しているのであって今回の地震と津波を「想定外」とするわけにはゆかない。東北地方太平洋岸では西暦八六九年七月に貞観（じょうがん）大津波が発生し陸奥国府を襲ったという記録がある。

最近の研究でその規模が明らかにされ、一一〇〇年経た現在での津波再来が警告されていた。しかも、この問題は、原発の耐震指針の改定を受けて東京電力が実施した耐震性再評価（バックチェック）の中間報告書の審議（二〇〇九年六月）の際、委員からの指摘がなされた。しかし、津波の評価は最終報告書に先送りされ、それがなかなか提出されないうちに今回の大津波を迎えてしまった。委員・保安院・原子力安全委員会は、津波の評価と対策を急ぐように東京電力を督促すべきであった。

■3―2 耐震安全性も不十分だった

津波が「想定外」だったという口ぶりからは、津波さえ来なければ原発は大丈夫だった、あるいは今後、津波対策を十分におこなえば、原発の耐震対策は万全だという考えが読みとれる。だが、今回の事故で設備・機器が破損したのは津波のせいだけだったのだろうか。四月一日に東京電力は地震記録（暫定値）を公表した。それによれば、原子炉建屋最地下階での観測値は、二号機・三号機・五号機で基準地震動SSに対する応答加速度値を超えた。一号機・六号機もぎりぎりの値だった。基準地震動の設定も不十分だったことが分かる。

内部の損傷調査がおこなわれていない現状では推測するしかないが、地震によって、外部電源の喪失、ＥＣＣＳ系の故障、圧力抑制室（サプレッションチェンバー）の破損、冷却材喪失に関わる重要な被害等が生じた可能性が考えられる。基準地震動以下の揺れで設備・機器の破損が生じたのであれば、設備機器の地震応答解析も不十分だったことになる。

まとめると、津波も地震も「想定」が不十分だったのではないか。この福島原発震災は、人知を尽くして作ったのに起きてしまったというレベル以前の問題である。なぜそうなったかは安全審査のあり方が基本的におかしいことによっている。新耐震指針（二〇〇六年）では、「残余のリスク」があることを認めたけれども、それへの対応を怠ったという事実が問われねばならない。

■3―3　事業者・保安院・安全委員会・学者の責任

原発の安全性を確認するための予測値はどのように決められたのか。被災した柏崎刈羽原発の健全性評価や耐震安全性評価の議論の過程で、私たちが経験してきたことは、事業者がおこなう評価（アセスメント）というのは、必ずといってよいほど、当の原発が運転再開できることを妨げない範囲での評価であったということである。福島原発でおこなわれたバックチェックもそれと同類のものだったことは想像に難くない。

そのような報告書を提出した事業者である東京電力、それを審議した原子力安全・保安院、独自の立場で安全審査をおこなったはずの原子力安全委員会、無批判にそれらに協力した学者たちの福島原発震災に対する責任はきわめて重いと言わざるを得ない。

三月三十一日、田中俊一前原子力委員会委員、松浦祥次郎元原子力安全委員長、石野栞東大名誉教授の三氏が一六名の研究者・技術者を代表して記者会見し、「福島原発事故についての緊急建言」を発表した。「建言」の冒頭には「原子力の平和利用を先頭だって進めて来た者として、今回の事故を極めて遺憾に思うと同時に国民に深く陳謝いたします。」と述べられている。新聞報道では陳謝したことが前面に取り上げられたが、残念ながら今回の事故をもたらした原子力推進体制についての根本的な問題点の指摘はない。あまりに遅すぎた反省である。

■3―4　問われる、国、東電の事故対応能力

地震発生の翌日の三月十二日午後三時半、一号機原子炉建屋の最上階（オペレーションフロア）で大規模な水素爆発が起きた。〝たまたま〟格納容器が破壊することはなかったが、一歩間違えれば放射性物質が大気中に大量放出されるところだった。しかし国が公表している当時の事故対応状況から判断する限り、保安院も東電も原子力安全委員会も、この水素爆発を事前に予測していた様子はまったく見られない。爆発直後、「格納容器の健全性は保たれている」とうそぶく御用学者がいたが、単に「結果オーライの水素爆発」だったと言わざるをえない。さらに、翌々日の三号機の同種の水素爆発についても、「一号機のような水素爆発が起こるかもしれない」と今度は〝爆発予告〟をしながら、近隣住民に新たな避難指示を出さなかった。一号機の場合を大きく上回る大爆発だった。こうした現実は、何よりも国民の命と健康を守らねばならない保安院、原子力安全委員会――そして東電――の責任感と原発事故対応能力の欠如を物語っている。

■3―5　独立した事故調査委員会の人選の透明性確保の必要性について

政府は、福島原発事故原因を究明するための事故調査委員会の設置や、原子力損害賠償法に基づき周辺住民などに行う損害賠償の範囲を定めるための指針を策定する原子力損害賠償紛争審査会を早急に設置することを検討していると発表している。

こうした委員会・審査会の設置は、当然必要であるが、今回の事故の真相を究明し、今後の事故防止に役立てるため、あるいは適切な損害賠償を実現するためには、こうした委員会・審査会が、真に独立した第三者機関として設置・運営されなければならない。そのためには、委員の人選・人数について、慎重な配慮が求められる。具体的には、委員は公募制として、その学歴・職歴・著書・論文などのほか、原子力発電に関する過去の関わりや発

言もまとめた上で、これらに関する情報の公開を徹底して、人選の過程・基準の透明性を図るべきである。事故調査委員会には、国の内外を問わず、過去に原発の技術に関わってきた現場を知る人が加わることも重要であろう。

以上

その三　二〇一一年五月十九日

菅直人首相からの異例の「要請」で、今月十四日、中部電力浜岡原発のすべての原子炉が停止しました。すでに、首相は、原発推進の国策を白紙に戻し、一から日本のエネルギー政策を再検討すると明言しています。多くの人々の切実な声が首相を動かしたことを、私たちは一歩前進と評価します。原発の既得権益に連なる無責任グループ（政界・官界・財界・学界）の圧力に負けず、人々が安心して暮らせる社会を実現していかねばなりません。浜岡の次には、地震に対する脆弱性が実証された柏崎刈羽原発の廃止がぜひ必要です。その上で、危険度の高い原発から、順次、すべての原発の停止に踏み切っていくべきだと考えます。

「三・一一」から二ヶ月を過ぎた今も、福島第一原発では危機的な状況が続き、原発事故の規模は、先月、チェルノブィリ並みの「レベル7」に引きあげられています。同じ月に東京電力が発表した、事故収束へ向けての「工程表」は、その後に判明したとされる、原子炉破損の深刻な事態により見直さざるを得なくなりました。現場では過酷な作業の終わりが見えず、今月十四日、除染作業中の労働者が急死しました。

政府・東京電力によって公表されたデータから、福島第一原発では、津波の海水を被る前に、地震動によって原子炉などが大きな損傷を受けているはずだと、私たちは予測してきました。本文1—1〜1—5に示したとおりです。

また、終わりの見えない放射性物質放出による、水や食べ物の汚染にどう対処すべきか、議論を重ねました。汚染問題全体は、2—1〜2—2で、食の問題は2—3

で扱っています。「危険から身を護るために食べない」のか、「産地の人々とのつながりを重視、リスクを承知で食べる」のか。三〇〇kmも離れた神奈川県西部で、規制値を越える緑茶の汚染が検出されるなど、大気も水も土も広範囲に汚されてしまった今、だれもが直面せざるを得ない重い問題であることを確認しました。

最後に3―3で、柏崎刈羽原発の即時停止を訴えています。

なお、この見解は、主に下記の方々の意見を受け、最終的に「柏崎刈羽・科学者の会」代表の井野博満（東京大学名誉教授、金属材料学）と事務局長の菅波完がとりまとめを行いました。各項目の見出し部分には、主として執筆した方の名前を明記しています。この他にも、ここではお名前をご紹介しておりませんが、多くの方がたに、ご協力をいただきました。また、三月二十三日付の「見解」、四月七日付の「見解その二」は、当会のウェブサイトに掲載していますのであわせてご覧下さい。

執筆協力者（五十音順）　伊東良徳（弁護士）、小倉志郎（元原発技術者）、上澤千尋（原子力資料情報室）、後藤政志（元原子炉格納容器設計技術者）、崎山比早子（元放射線医学総合研究所主任研究官、高木学校）、田中三彦（サイエンスライター、元原子炉圧力容器設計技術者）、内藤誠（電子技術者、現代技術史研究会）、奈良本英佑（法政大学教授）、山口幸夫（原子力資料情報室共同代表、物理学）、湯浅欽史（元都立大教授、土木工学）

1　福島第一原発で何が起きたか（田中三彦）

福島第一原発の事故は国際原子力事象評価尺度（INES）でもっとも深刻な「レベル7」と評価された。一、二、三号機のすべてで炉心溶融が生じ、事故から二か月が経過したいまも、一～三号機の原子炉及び一～四号機の使用済み燃料プールを安定的に冷却することができないでいる。東電は先月、安定的な冷却を目指すとして、ステップ一、二に分けた「ロードマップ」を公表した。実行可能性も含めいろいろ問題はあるが、目論み通りに作業が進行しても、安定的な冷却の実現は一、三号機に関しては早くとも六ヶ月後、二号機にいたっては明確な見通しが立たないという。

現在私たちは、東電がこれまでに公表してきた限定的なデータを分析しながら、福島第一原発一～三号機にいったい何が起きたかを集中的に議論している。主たる目的は、福島第一原発事故が本当に「想定外の津波」によるものなのかどうかを明らかにすることだ。私たちは福島第一原発が激しい「地震の揺れ」（地震動）によって致命的な損傷を蒙らなかったかどうかに注目している。

福島第一原発が、津波が起きる前に、すでに地震動によって致命的な損傷を受けていたとしたら、日本各所にあるすべての原発の「耐震安全性」が問題になる。以下に、何度かの集中的な議論をとおして得た私たちの現段階での見解を記す。

■1―1　配管破損による冷却材喪失事故の可能性

私たちがとくに早くから注目したのは一号機である。というのは、一号機の原子炉水位が異常な速さで降下していたからだ。ここで言う「原子炉水位」とは、原子炉圧力容器の中の冷却材（軽水）の表面（水面）から燃料棒の頂部までの距離で、運転時の原子炉水位は約五メートルである。もしこの原子炉水位が○以下なら、長さ約四メートルの燃料棒の一部（または全部）が水面から上に露出していることを意味する。このような状態になると、燃料棒の外表面の金属（ジルコニウム合金）が高温

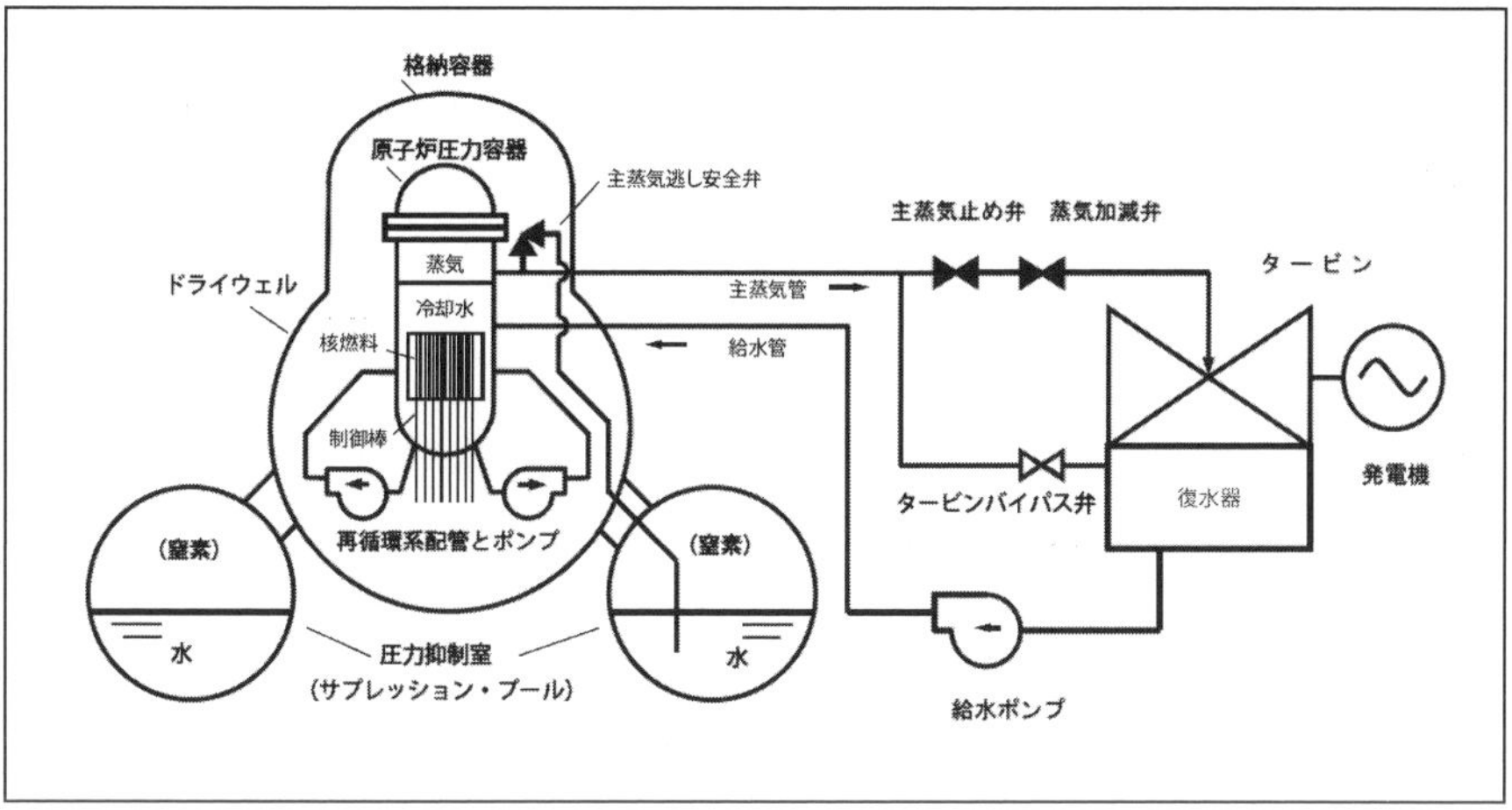

になり、水蒸気と反応して水素を発生させたり、溶けたり、さらには燃料ペレットそのものが溶融したりするので、きわめて危険である。

一号機の場合、地震発生後わずか四時間四四分後の三月十一日午後七時三〇分には、原子炉水位がわずか四五センチにまで下がっていたことを水位計は示している。通常水位から約四・五メートル下がったことになる。この異常な水位下降の原因はいったい何か？ 消えた水はどこにいったのか？ 考えられることは二つしかない。

一つは、原子炉圧力容器に出入りしている配管（主蒸気管、給水管、再循環系配管等々）のうちのいずれかが地震時に激しく揺れて破損または破断し、そこから冷却材が原子炉圧力容器外に噴出した、とすること。もう一つは、主蒸気管に設けられている「逃がし安全弁」が自動的に（あるいは運転員の操作により手動で）開き、そこから原子炉圧力容器内の高温・高圧の蒸気が一気に格納容器の圧力抑制室（サプレッションプール）へと流出し、その結果原子炉水位が低下した、とすることである。

しかし事故発生直後に東電が出した一連のプレスリリースによれば、事故直後から三月十二日深夜まで、原子炉圧力容器の高温・高圧の蒸気は「非常用復水器」（アイソレーションコンデンサー、図には描かれていない）という外部冷却システムに導かれて冷却されていた。そうであれば、その一方で逃がし安全弁が自動的に作動する（あるいは、運転員が手動で操作する）ことは不自然だし、また東電のプレスリリースにも、逃がし安全弁の動作に関する説明はいっさいない。

さらに、東電が公表しているデータをよく調べてみると、十一日深夜までに危険なほど高いレベルにまで達していた格納容器圧力が、三月十二日の午前中に突然少しずつ下がりはじめた。そしてそれに呼応するように原子炉の圧力と水位がじわじわと低下していることがわかった。これは逃がし安全弁の開閉動作では説明できない。なにがしかの配管が破断していると私たちはみている。

以上のようなことから、私たちは、一号機では地震動によって配管が破損し、破損箇所から冷却材が噴出するという、原発事故の中ではもっとも恐れられている「冷却材喪失事故」が起きた可能性が大であると考えている。

付け加えれば、私たちは二号機でも配管破損による冷却材喪失が起きたのではないかと考えるようになっている。ただし、もう少し検討が必要なので今回は詳しい話を省く。

■１―２　二号機の圧力抑制室は地震動で破損した？

よく知られているように、一号機、三号機では原子炉建屋の最上階（オペレーションフロア）で水素爆発が起きた。これに対して二号機の場合、水素爆発は圧力抑制室（サプレッションプール）の「付近」で起きたと東電は報告している。圧力抑制室には運転中は窒素が封入されているので、その中で水素が爆発することはまずないだろう。したがって東電が言うように、圧力抑制室付近で水素爆発が起きたとすれば、圧力抑制室に溜まった水素が抑制室の外に漏れ出して外部の空気に触れ、爆発したと考えるのが自然だ。ではなぜ漏れ出したのか？

ドーナツ型の圧力抑制室は、フラスコ型のドライウェルと、複数の太い「ベント管」を介して結合しているが、その結合部分には、熱膨張の差を吸収するための「ベローズ」という「柔い」構造が使われている。このベローズが地震時の激しい揺れによって破損し、そこから水素ガスが漏れ出したのではないかと推測される。

また直径五メートル近くの圧力抑制室は巨大な溶接構造物であり、多くの溶接線を有している。そうした溶接線の一部が地震時の揺れで破損した可能性もある。

いずれにしても、圧力抑制室の外で爆発が起きたことは、地震動により格納容器の圧力抑制室が損傷したことを強く示唆している。

■１―３　格納容器の圧力はなぜ異常上昇したか

もう一つ、私たちが注目しているのは、一～三号機の格納容器の圧力の異常上昇である。運転中の格納容器の圧力は大気圧とほぼ同じだ（厳密にはほんの少し低い）。ただし、格納容器は約四気圧ぐらいまでは耐えられるように設計されている。以下がその理由だ。

仮に、再循環系配管を構成しているもっとも太い配管（再循環系出口配管）が地震動などにより完全に破断した場合（これをギロチン破断と言う）、原子炉圧力容器内の冷却材は、そのすべてが短時間のうちに破断箇所から噴出し、格納容器のドライウェルに高温蒸気が放出される。その蒸気は最終的に圧力抑制室に向かい、圧力抑制室内の水の中に導かれ、そこで水になる。蒸気が水になると体積が激減するので、格納容器の圧力が下がる。

こういう考えで、どんなに高くなっても四気圧以上にはならないとされているのが、福島第一原発一～五号機で使用されている「ＭａｒｋＩ型の格納容器」である。

しかし実際には一～三号機のどの格納容器も四気圧以上になっている。とくに一号機の場合、地震が起きてから約九時間後にはなんと約七・四気圧にまで上昇している。こうした事実は、圧力抑制室が期待通りに機能しなかったことを示唆している。なぜ機能しなかったかを現在検討しているところだが、一号機については、圧力の値があまりにも大きく、またあまりにも短い時間に圧力が急上昇しているので、ドライウェル内の大量の蒸気を圧力抑制室内の水の中に導くための「仕組み」が、地震動で破損した可能性があるのではないかと考えている。

■1―4　東電のデータの信頼性と小山田発言について

以上のような私たちの現時点での見解は、あくまで東電が公開している運転データをもとにした暫定的なものだが、福島第一原発で何が起きたかを推測する上で決定的に重要なデータ――つまり、地震発生直後から約半日間の運転データ――を、東電はいまだに公表していない(五月十六日現在)。そればかりか、過去に公表されたデータが、ある日突然大規模に変更されたり、いつのまにか東電のウェブサイトから削除されたりと、東電の隠蔽、改竄、捏造体質がいまもそのまま残っているのではないかと疑わせるようなことが頻繁に起きている。万一にも、すべてを津波に押し付けてしまうようなデータ改竄がなされてはならない。

一方、原子力安全委員会の小山田修委員は四月二十日に福島第一原発を訪れた際、地震による原発損傷はなかった、という主旨の発言をしたとされているが、客観的なデータをもった上での発言か。そうだとすれば安全委員会は早急にデータを公表して説明すべきだし、そうでないなら小山田発言はあまりにも不用意な発言、人びとを間違った方向に誘導する発言、と言わざるを得ない。

■1―5　東電のメルトダウン解析について

五月十六日、東電は記者会見を開いて、一号機が地震発生(三月十一日午後二時四六分)から五時間後には早くも燃料のメルトダウンがはじまり、およそ一六時間後の十二日午前六時五〇分には、大半の燃料が原子炉圧力容器の底部に溶け落ちたと発表した。これまでの東電の見解と大きく異なる衝撃的な内容だが、注意がいる。東電の発表は、シビアアクシデントのシミュレーション・

ソフトを使って、メルトダウンまでの過程をコンピュータで追った結果にもとづいている。そのシミュレーション結果は、当然、どのような事故条件を入力したかに大きく左右される。たとえば、地震動による配管損傷のようなものを考えたのか考えなかったのかで、結果は大きく異なる。しかし、東電はどのような条件を入力してシミュレーションしたかを説明していない。さらに、シミュレーションによる原子炉水位変化は、東電がこれまで公表してきた測定結果と大きく異なる。また東電自身、これは「一例である」と述べている。実際、現段階ではその程度に受け取っておくべきものだと思われる。

2　放射能汚染にどう向きあうか（井野博満）

■2―1　福島県の危機的状況

避難勧告が出された三〇km圏外でも、累積線量二〇mSvを超える地域の存在が明らかになり、四月二十二日になって、やっと飯舘村、川俣町、葛尾村などが計画避難地域に指定され、五月下旬までに避難することが指示された。避難指示は遅きに失し、住民に無用な被曝を強いる結果になった。妊婦や幼児、小・中学生は、特に危険にさらされた。線量予測ツールＳＰＥＥＤＩを用いての解析は地震直後から実施されていたにもかかわらず、それが予測値であることから無用の危機感を煽るとして発表が抑えられていたとのことである。住民の放射線防護を第一とすべき安全委員会の取るべき態度ではない。班目委員長をはじめとする安全委員会の姿勢に強い憤りを覚える。

放射能汚染は、六三km離れた福島市でも深刻であり、年間累積線量が二〇mSvを超えると予測される。大人口をかかえる郡山市やいわき市も警戒を要する。汚染の程度は、距離だけでなく、風向きや地形によるので、各地の汚染状況を注意深く調査することが重要である。

文科省は、年間累積線量が二〇mSvに達するかどうかを小・中学校、保育園・幼稚園の新学期の開校の判断基準とし、一時間当たりの線量が三・八μSv以下であれば屋外で遊ばせることの制限などで、その基準値以下に被曝量を抑えられるとした。根本的な問題は、通常は一mSvである規制値をＩＣＲＰが居住者の被曝限度の上限として示した二〇mSvという参考値まで引き上げたことである。ＩＣＲＰのリスク推定によっても、〇・二％（一万人で二〇人）の発がん増加が予測される。規制値を引き上げるということは為政者が国民に対し発がんリスクをそれだけ我慢させることなのだ。子供の放射線に対する感受性は、大人のそれよりも三倍から一〇倍高い。これは、未来世代の健康を犠牲にすることである。

小佐古敏荘内閣官房参与（東京大学教授）は、四月三十日、政府が子供たちの被曝限度を平時の公衆被曝限度である一mSvから二〇mSvに引き上げることは不適切だとして辞任した。私たちもその抗議は当然だと考える。

多数の人口を抱える福島県の中核都市に対し、政府は、避難勧告を出していない。身の危険を感じた人びと（の一部）は、親類縁者・知人を頼って遠方へと脱出しつつある。だが、多くの人は受け入れ先のあてもなく、生活の問題を抱えて脱出したくてもできていない。より原発に近い高濃度汚染地域に住む人たちの事情は、さらに深刻である。住み慣れた土地を離れたくないという気持ちがあると報道されているが、放射能汚染の実情が正確に知らされていないことも影響しているのではなかろうか。

このような苦境に対し、首都圏に住む私たちは無関心であってはならない。政府や各自治体に対して、受け入れの便宜や条件をつくりだすことを求めるとともに、市民レベルでも支援のつながりを作ってゆくべきであろう。汚染地域の人たちに〝避難する権利の行使〟を保証すべきである。特に子どもに対しては、学校単位での疎開について、自治体等において検討すべきではないか。それができない状況においては、学校周辺の除染などについてもきめ細かな対策が必要である。

■2―2　放射線被曝を軽視する動き

福島原発事故が、「国際評価尺度レベル7」（数万テラベクレル以上の放射性物質の環境への放出を伴う）に達する最大級の「深刻な事故」であることが明らかになった今でも、チェルノブィリ事故に比べて放出量は一桁小さいとか、拡散の度合いは小さいとか、汚染を小さく見せようとする動きが強まっている。

五月六日に公表された文科省と米国エネルギー省による航空機モニタリングの結果は衝撃的である。第一原発から北西方向に広がっている高濃度の汚染地帯があり、三〇km圏外の飯舘村のほぼ全域において、地表面から一mでの空間線量が三・八μSv／hを超え、その南部や浪江町全域では一九μSv／hを超える超高濃度に達している。

セシウム１３７の地表面への蓄積量もまたこれらの地域で一〇〇万ベクレル／m^{2}を超えている。これら汚染地域の広がりは、チェルノブィリ事故での汚染範囲より多少すくない程度である。さらに、多数の人口を抱える福島市で、空間線量が一・九〜三・八μSv／hに入り、セシウム蓄積量も三〇〜六〇万ベクレル／m^{2}の範囲に入る区域が存在することは注目される。

そのチェルノブィリ事故に関しても、福島県の放射線健康リスク管理アドバイザーになった山下俊一長崎大学教授や神谷研二広島大学教授が、ＩＡＥＡ報告書をたてに、事故とがん発生との因果関係があると分かったのは小児の甲状腺がんだけであるとか、低線量の被曝とがん発生の関係は明らかにならなかったなどと述べ、意図的な過小評価にやっきになっている。多くの小児甲状腺がん患者が生み出された状況下で、他のがんが発生していないなどと考えることは馬鹿げた作り話である。幾多の現地調査報告が、がんのみならず様々な病気に苦しむ現地の人たちの姿を明らかにしている。どんなに低線量であっても、それに応じてがんが発生することは、ＩＣＲＰが被曝線量限度を決める際の前提とした認識である。それに基づき、放射性物質の放出量と総被曝線量から推定されたがん発生数は数万人に達すると見積もられている。

福島でも、このまま放置するならば、同じような状況が生まれる危険性が大きい。チェルノブィリ周辺の人たちに比べ、海藻を多く摂取している私たち日本人は、幸いにして放射性ヨウ素（I-131）の吸収が少なくて済み、甲状腺がんの発生は低く抑えられるかも知れない。その場合でも他のがんの発生や病気の危険性を軽視してはならないだろう。住民を対象にした適切な対策を急ぎ、あわせて、くわしい追跡調査が必要である。

■2―3　食べ物や飲み水の汚染にどう対処するのか

食品規制値は、その値以下ならば安全だというものではない。あくまでも社会的経済的に達成可能な範囲で規制しているに過ぎない。現在は緊急時ということで、本来ならば一mSvであるべき規制値が五mSvまで引き上げられた。その結果として例えば水道水のヨウ素１３１の基準（三〇〇ベクレル／kg）はＷＨＯ、ドイツ、アメリカのそれぞれ三〇〇倍、六〇〇倍、二七〇〇倍に設定された。緊急時だからといって発がんリスクが減少するわけではない。

農産物・海産物の放射能汚染は福島県および関東の近県の生産農家、漁民に大きな損害を与えた。これら各県の農民らは、東京電力に対し、事故の早期収束を求めるとともに、いわゆる「風評被害」により売れなくなった農作物を含めた損害賠償を請求した。私たちはこの当然の要求を支持する。四月十五日に発足した原子力損害補償審査会は、「風評被害」についても補償の対象に含めるとしたが、福島原発事故によって生じたすべての損害を、東京電力は賠償しなければならない。

汚染された大地や海は、損害賠償によって元に戻せるわけではなく、被害は人間に止まらない。棲息するすべての動植物の生命が、眼に見えない毒によって損なわれるであろう。私たちは、この現実を身近なものとして受け止めざるを得なくなった。その地に住み働く人たちは、そこで仕事を続けてゆけるのか、収穫された生産物を食に供することができるのか、という危機に直面している。この現実を、まずもって私たちの認識の基礎に据えねばならない。首都圏をはじめとする全国各地の生活者はこの現実にどう向きあうのか？　原発被災地域に住む人たちとどう連携してこの問題をともに考えてゆくことができるのか？

現在、食の流通経路は、農協あるいは漁協から大手流通業者をへて、大手スーパーマーケットへというルートだけではない。生活協同組合や全国各地の大小の有機農産物の提携ネットワークを介して、あるいは個人的なつながりによる流通などが広くおこなわれており、量の多少では計れない意義をもっている。それらのつながりを大事にしながら、放射能汚染から身を守りつつ、日本の食と農を大事にしてゆく活動が、今後ますます重要になると考える。*

＊私たちは議論のなかでこのような共通認識に達したが、「食べる・食べない」の具体的考え方には大きな隔たりがある。以下にその代表的な意見を列記する。

【意見1】 内部被曝に対する許容値が無いことを前提として考えると、汚染がゼロではない食べ物や飲み水を飲食するかしないかは、個人の判断に任せる他はないと思う。なぜなら、内部被曝の影響は、年齢や性別（特に妊婦）、免疫力の強さなど個人的条件により大きく変るし、ある程度歳を取った人では、残る人生に対する執着の度合いも異なるからである。会の見解としてあるレベル（例えば、政府の示した基準値）以下の汚染をした農産物や畜産物を食べることを奨めるのは反対である。経済活動が維持されることにより、低レベル放射性物質による内部被曝の被害が実態よりも小さく見えてしまうからである。

【意見2】 食物経由の内部被曝は大きいので、生活者は少しでも汚染が少ない食物を求めることになるが、全ての食物の放射能汚染を零に近づけることは困難である。生活者は自分がどの程度の放射能をふくむ食べものを摂取すれば、どれほどのリスクとなるのかを理解し判断して、食べるか食べないか自己決定する。そのために、摂取放射能量がどの程度のリスクになるかを算出する「知識」と、食べ物の汚染度合の「情報」が必要である。また農業牧畜漁業を営む人々も、汚染の程度を知った上で、出荷提供することが求められる。仮にそこで出荷できないと判断すれば、それは自ら東京電力に賠償を要求すべきものである。このように両者とも「判断する主体」になることが求められている。

【意見3】「食べる・食べない」を放射能レベルだけで決めてよいのだろうか？　私は、茨城県にある有機農法の農場の会員である。その地は、関東各県と同じく、すでに放射能汚染とは無縁ではないが、彼らがその地で農の営みを続け、出荷できると判断した農産物を我が家では食べることにした。より放射能汚染の小さい県や外国の有機農産物に変えようなどとは思わない。農場との連帯を大事にしたい。そのような絆は、生活協同組合と提携生産者との間にもあるだろう。市場に出回っている食べものでも、人のつながりは無視できない。

3　柏崎刈羽原発はすぐに停止して、初めから検討しなおせ　（山口幸夫）

東京電力は四月二十一日付で「柏崎刈羽原子力発電所における緊急安全対策について」（実施報告）なる文書を新潟県へ提出した。三月三十一日の経済産業大臣指示文書に対する回答だとされる。

その回答によれば、福島第一原子力発電所で発生した事故の想定される直接要因は、巨大地震に付随した津波により

（一）外部電源の喪失とともに緊急時の電源が確保できなかったこと

（二）原子炉停止後の炉心からの熱を最終的に海中に放出する海水系施設、若しくはその機能が喪失したこと

（三）使用済燃料プールの冷却停止及び所内用水供給停止の際に、機動的に冷却水の供給ができなかったこと

の三点をあげている。地震動による影響には何の言及もない。

果たしてそうか。福島第一原発二、三、五号機の東西方向の最大加速度が耐震設計の基準値Ssを一五～二六％も上回っていることが観測された事実は重い。私たちは、

津波の影響を受ける以前に、地震動による配管系の破損ないし破断が起こり、冷却材喪失事故が発生したのではないかと考える。現在公表されているデータに基づいた事故解析は、この見解の1に述べた通りである。

二〇〇八年三月以来、新潟県技術委員会に設置された二つの小委員会では、いくつもの疑わしい論点が詰められないまま、「工学的判断」の名のもとに審議が打ち切られ、柏崎刈羽一、五、六、七号機が再開されてきた。この間の委員会で、疑わしいまま打ち切られた論点は、文字通り枚挙にいとまがない。例えば、佐渡海盆東縁断層の北方部分は存在しないものとみなされ、機器の塑性ひずみは心配ないとされ、再循環ポンプのモーターケーシングは耐震安全性がある、ハンガーのメモリのずれは地震のせいではない、建屋の傾きも問題ない、格納容器の耐震安全性、制御棒の挿入性ともに大丈夫であり、津波は引き波三・五m、押波三・三mで安全性が保たれるとしたことなどである。

その結果、地元住民・新潟県民には、大きな不安が残った。新潟県の二つの小委員会は、委員の構成などにおいて、住民の不安にこたえようとする意図が感じられ、私たちとしても期待を寄せてきたが、これまでの審議の結論をみると、極めて危ういといわねばならない。

福島原発は、震災から二ヶ月を過ぎてなお、一〜三号機の原子炉が制御できず、予断をゆるさない状況にある。そもそも、新潟県中越沖地震による柏崎刈羽原発の被害状況について、新潟県技術委員会等において慎重な検証が行われ、その成果を東京電力が福島原発の安全対策に反映させる姿勢があれば、今回のような過酷事故は避けられたのではないか。その点については、私たちとしても忸怩たる思いがある。その意味でも、すでに再稼働した柏崎刈羽原発の一、五、六、七号機は再度停止し、これまでの楽観的な議論ではなく、あいまいさを残さずに徹底的な審議をおこなうべきである。福島原発事故による発電能力不足を理由に、柏崎刈羽三号機の再稼働を急ぐことなど論外である。首都圏の住民は、危険を冒しての電力供給などは望んでいない。

「柏崎刈羽原発の閉鎖を訴える科学者・技術者の会」は、下記の要請書を五月十九日に、新潟県知事、柏崎市長、刈羽村長に提出しました。

二〇一一年五月十九日

新潟県知事　泉田裕彦様
柏崎市長　会田洋様
刈羽村長　品田宏夫様

「福島原発震災」をふまえ、柏崎刈羽原発の運転停止と新潟県技術委員会における徹底的な検証を求める要請書

柏崎刈羽原発の閉鎖を訴える科学者・技術者の会
代表　井野博満

三月十一日の東北地方太平洋沖地震によって発生した、東京電力福島第一原発の事故は、まさに私たちが警告してきた「原発震災」に他ならない。事故発生から、すでに二ヶ月を経過しましたが、未だに一号機から四号機のいずれについても、原子炉や使用済燃料を冷却することができず、大気中や海洋への放射能放出に歯止めがかからないというきわめて深刻な事態が続いています。

この状況に鑑み、柏崎刈羽原発の立地自治体である新潟県知事および、柏崎市長、刈羽村長に対し、下記の対応を早急に講じることを強く要請いたします。

●要請事項

1　現在運転中の柏崎刈羽原発一、五、六、七号機を早急に停止したうえで、下記の事項について新潟県技術委員会および小委員会において徹底的な検証を行うこと

1―1　福島原発事故の事実経過と発生原因の分析

1―2　東北地方太平洋沖地震とそれに伴う津波の状況を分析した上で、福島原発における基準地震動および津波想定の妥当性の再検証

1―3　柏崎刈羽原発における基準地震動および津波想定の見直し

1―4　1―3において見直された基準地震動および

証

1—5　柏崎刈羽原発における過酷事故の想定および住民の避難等を含む防災計画の検討、さらにそのような場合の地域社会への経済的な損害等の試算

2　前項に先立ち、技術委員会・小委員会の運営について、以下の抜本的な見直しを行うこと

2—1　福島原発の耐震バックチェックに関与し、問題性を指摘できなかった委員等を解任すること

2—2　技術委員会、小委員会の運営に関し、住民からの意見を十分に反映させるための具体的な対策を講じること

2—3　東京電力に対し、必要な情報開示を命じるために、県としての指導監督権限などを強化すること

●要請理由

1　災害や事故の想定が、政治的に過小評価されてきたことが問題の核心

東北地方太平洋沖地震は、「天災」であり、地震やそれにともなう津波の規模において、防災上の想定を越える部分があったものの、「福島原発震災」は、明らかに「人災」である。なぜなら、これまで政府は、東京電力をはじめとする電力会社等とともに、原発の過酷事故、特に地震や津波に関する災害の想定が、原子力発電を機軸とするエネルギー政策の支障にならないように、あえて、事故や災害の想定を過小評価し、本来とるべき対策を怠ってきたことが、今回の原発震災の最大の原因であるからである。

私たちは、二〇〇七年七月の新潟県中越沖地震によって被災し、全機が運転を停止した柏崎刈羽原発について、その後の政府や東京電力の対応を批判的に検証し、繰り返し問題提起をしてきた。新潟県の技術委

員会、小委員会における審議においても、新潟県中越沖地震の震源断層についての分析も、地震でダメージを受けた柏崎刈羽原発の設備健全性、耐震安全性について、災害の危険性や機器の損傷等にかかわる「グレーゾーン」を慎重に見る委員と、楽観的にとらえ、原発の再開を容認してきた委員との間には大きな意見の食い違いがあった。しかし、技術委員会は、最終的に楽観的な結論を採用し、柏崎刈羽原発の一、五、六、七号機の再稼動を認めてきた。

今回の福島原発事故により、原発における「多重防護」や「余裕」、原発周辺での地震や津波の想定について、政府や東京電力、さらにそれとともに楽観的な主張を繰り返してきた「専門家」の判断は、根拠を失ったと言わざるを得ない。

そこから論理的に導かれる結論として、柏崎刈羽原発における基準地震動は、根本から再検証すべきであり、安全性の根拠を失った、一、五、六、七号機は、速やかに停止させなければならない。三号機の運転再開など論外である。

あわせて、福島原発に関するバックチェックの議論を含め、楽観的な判断に関与してきた委員が今後も新潟県の委員会にかかわることなど、とうてい認められるものではない。

2　災害の規模が想定できる、原発を制御できるという過信

この間、政府からの指示を受け、柏崎刈羽原発においても、外部電源喪失を想定した設備の確保、要員の訓練などの対策が示されたが、あまりにも空虚である。実際の福島原発事故がどのような過程で進行したのか、徹底的な検証が必要であるが、それを後から補うような対策では、まったく意味がない。今回の福島原発事故では、想定をはるかに超える津波によって、過酷事故に至ったかのような説明もあるが、すでに公開されている原子炉内の圧力・温度・水位などのデータから見ても、津波や外部電源喪失に見舞われる以前に、地震の揺れにより、重要な配管などが損傷し、冷却水喪

失事故に至った疑いが濃厚である。

そもそも、今回の事故でも明らかなように、過酷事故の際には、原子炉にかかわる圧力や温度、地震動などの基本的なパラメータを正確に記録し、解析することと自体が容易ではない。これは、中越沖地震における柏崎刈羽原発でも見られた状況である。大規模な災害や過酷事故の現場において、原発を制御しうるという考え方自体を見直す必要があるのではないか。

3 政府の対応を待っていては、住民の安心・安全は守れない

今回の事故に際し、直接被害に直面している福島県民や、原発周辺の住民に対する東京電力側からの情報提供は極めて不十分であった。政府の対応についても、住民への避難指示や、実際の避難のための移動手段、避難先、基本的な生活支援物資の確保、供給なども適切だったとは言い難い。政府として、現実的な避難の手当てもせず、放射線による健康への影響はないとの説明を繰り返し、「流言飛語」を批判するのは本末転倒であり、責任逃れとの批判を免れない。

一方で、住民の安心・安全を確保するためには、県や市、村などの自治体が現実的な対処にあたらざるを得ない。福島においても、自らの家族の安否が確認出来ない状況の中で、自治体職員や医療、福祉関係者が献身的な活動を続けたことが報じられている。このような状況を招かないためにも、住民の安心・安全を守るためには、自治体が率先して、政府よりも、より安全側に踏み込んだ判断と対応をしていくことが極めて重要である。

新潟県知事、柏崎市長、刈羽村長におかれては、私たちの意図するところを汲んで頂き、積極的な対策を講じて頂くことを強く要請いたします。

以上

〈柏崎刈羽原発の閉鎖を訴える科学者・技術者の会〉
〒一六〇―〇〇〇四　東京都新宿区四谷一―二一　戸田ビル四階
http://kkheisa.blog117.fc2.com/
E-mail　kk-heisa@takagifund.org
代表・井野博満　事務局長・菅波完

1975年　3月、米ブラウンズフェリー原発で火災事故
1979年　3月、米スリーマイル島原子力発電所事故（レベル5。2号炉で炉心溶融）
1980年　4月、仏ラ・アーグ再処理工場で電源喪失事故
6月、米ブラウンズフェリー3号で制御棒の40%不作動事故
1982年　1月、米ギネイ原発で蒸気発生器細管の大破損事故
1983年　2月、ロンドン条約締約国会議が、放射性廃棄物の海洋投棄凍結を決議
1986年　4月、ソ連チェルノブィリ原子力発電所事故（レベル7。4号炉で核暴走）
1987年　3月、仏の高速増殖炉実証炉スーパーフェニックスで燃料貯蔵タンクからナトリウム漏れ
1989年　1月、福島第二原発3号炉で、再循環ポンプ破損事故
1991年　2月、美浜原発2号炉で蒸気発生器細管の破断事故
1992年　3月、六ヶ所ウラン濃縮施設が操業を開始
1993年　11月、ロンドン条約締約国会議で、低レベル廃棄物の海洋投棄の全面禁止を決定
1995年　12月、高速増殖炉「もんじゅ」でナトリウム漏洩火災事故（2010年まで「もんじゅ」停止）
1997年　2月、政府が福島・新潟・福井の3県にプルサーマル計画への協力を要請
3月、東海再処理工場アスファルト固化施設で火災・爆発事故
1999年　9月、東海村JCO臨界事故（レベル4。至近距離で中性子線を浴びた作業員のうち2名死亡）
2003年　4月、東京電力の原発17基がすべて停止（配管・シュラウドのひび割れ問題で）
2004年　8月、美浜原発3号炉で配管破断事故（作業員5名が熱傷で死亡）
2007年　7月、中越沖地震で柏崎刈羽原発が被災、トラブル多発
2010年　5月、高速増殖炉「もんじゅ」運転再開、8月、燃料交換装置の落下事故で再停止
2011年　3月11日、福島第一原子力発電所事故（レベル7）

＊『原子力市民年鑑2010』（七つ森書館）『原子力年鑑2000/2001年版 別冊 原子力のあゆみ』（日本原子力産業会議）『世界史年表』（河出書房新社）『放射線被曝の歴史』（中川保雄、技術と人間）を参考に作成

〈原子力・放射能関連年表〉（1895-2011）

1895年　レントゲンがX線を発見
1896年　ベクレルがウランの放射能を発見
1898年　キュリー夫妻によるラジウムの発見
1934年　フェルミが原子核の中性子衝撃反応の研究を開始
1939年　ハーンとシュトラスマン、マイトナーが、ウランの核分裂を発見
1941年　米、原爆製造を決定（マンハッタン計画）
1945年　7月、米、世界初の原子核爆発実験に成功。8月6日、広島に原子爆弾投下（ウラン235)。9日、長崎に原子爆弾投下（プルトニウム239)
アメリカ軍合同調査委員会（日米合同調査団)、広島・長崎の被害を調査
1946年　8月、米、原子力委員会発足（マンハッタン工兵管区を衣替え）
1950年　国際放射線防護委員会（ICRP）発足
1951年　12月、世界初の原子力発電が、米の高速増殖炉EBR-1で行われる（100kW）
1952年　12月、カナダのチョークリバー炉で炉心溶融事故
1953年　12月、米アイゼンハワー大統領が国連総会で原子力の平和利用（原子力発電）を提言
1954年　3月、第五福龍丸がビキニ環礁周辺で米水爆実験による死の灰を浴びる（漁船員久保山愛吉さん死亡）
6月、ソ連のオブニンスク原子力発電所が発電を開始（500kW）
1955年　11月、米の高速増殖炉EBR-1で炉心溶融事故
12月、日本で原子力三法（原子力基本法、原子力委員会設置法、原子力局設置に関する法律）が公布
1956年　1月、日本で原子力委員会が発足（初代委員長は正力松太郎）
5月、初の商用原子力発電所、イギリスのコルダーホール発電所が運転開始（5万kW）
1957年　7月、国際原子力機関（IAEA）発足
9月、ソ連でウラル核惨事（高レベル放射性廃液が爆発）
10月、英でウィンズケールで燃料溶融事故
1960年　1月、米海軍軍事用試験炉SL-1で臨界超過事故
1963年　10月、日本初の原子力発電が行われる（東海村の動力試験炉JPDR）
1966年　7月、日本初の原子力発電所、東海発電所が営業運転開始
10月、米の高速増殖炉フェルミ炉で燃料損傷事故
1973年　3月、美浜原発1号炉で燃料棒の大折損事故（76年末まで隠蔽）
9月、英セラフィールド再処理工場で放射能放出事故
1974年　9月、原子力船「むつ」の放射線漏れ事故

5月27日			文科省、20ミリシーベルト基準の批判を受け、子どもの被曝量年1ミリシーベルトをめざすとした(20ミリシーベルトの撤回はせず)
			農水省、土から野菜への種類別移行係数公表
5月29日			福島県、淡水魚からセシウム検出、アユ解禁延期
5月30日	東電社員二人、多量内部被曝が判明。甲状腺から、9760ベクレル、7690ベクレル		
6月3日	集中廃棄物処理施設の貯水容量1万4000トンが満杯。		
6月6日	保安院、事故シミュレーション結果を公表。ごく初期にメルトダウンを起こしたと解析		
6月7日	政府、IAEAへ事故報告書提出		
6月10日	9作業員、限度を超える被曝		

			飯舘村、浪江町など6市町村で微量の放射性ストロンチウムを検出
4月19日			文科省、福島県学童の小中学校・幼稚園、保育所の利用基準を公表、年間20ミリシーベルト、校庭毎時3.8マイクロシーベルト以下
4月22日			20キロ圏内警戒区域、20キロ圏外の飯舘村全域などを計画的避難区域（5月末までに避難）に指定
4月24日	1～3号機で「水棺」着手の方針		
4月30日	事務の女性4人の基準を超える被曝が判明		小佐古敏荘内閣官房参与が20ミリシーベルト基準に異を唱えて辞任
5月6日			菅直人首相、浜岡原発の停止を中部電力に要請
5月8日			第一原発周辺海域からストロンチウム90を検出（東電発表）
5月12日	東京電力が1号機のメルトダウンを初めて認める		
5月13日	1号機の「水棺」計画を放棄		
5月14日			浜岡原発全炉停止（13日に4号機、14日に5号機）
5月16日	東電、事故直後の詳しいデータを初めて公表		神奈川県足柄茶産地（山北）で、茶葉から基準を超えるセシウムを検出
5月19日	班目原子力安全委員長、安全設計審査指針に、「長期間にわたる全電源喪失を考慮する必要はない」と規定されているのは明らかに間違いだと述べ、安全指針の抜本的な見直しを表明		
5月20日	東電、清水正孝社長辞任、福島第一1～4号機の廃炉と7～8号機の増設断念を表明		福島・千葉・茨城・栃木各県で、茶葉から基準を超えるセシウムを検出
5月23日	東電、事故のシミュレーション結果を公表。3号機では高圧注水系蒸気管に割れがあるとして解析		
5月24日	政府の「事故調査・検証委員会」（畑村洋太郎委員長）発足		

				IAEAが18日～26日に飯舘村でヨウ素131とセシウム137、2000万ベクレル／平方メートルを検出し、政府に避難検討を促す
3月31日			8:51	東電、原発南放水口付近の海水から基準値の4385倍となる放射性ヨウ素を検出と発表
4月2日	9:30	2号機取水口ピットに1Svを越える高濃度汚染水、ピットから流出		
4月3日		4号機タービン建屋地下で東電社員の2遺体発見		
4月4日			19:03	東電、集中廃棄物処理施設にある汚染水約1万トンを海に放出開始
				北茨城市の平潟漁協、長浜沖で1日に捕獲したコウナゴから4080ベクレル／キログラムの放射性ヨウ素を検出と発表
4月5日				茨城県漁連、北茨城市沖で4日に捕獲したコウナゴから526ベクレル／キログラムの放射性セシウムを検出と発表
			16:41	政府、放射性ヨウ素の魚介類における暫定基準値を野菜と同じ2000ベクレル／キログラムとする
	14:15	2号機トレーサーから高濃度汚染水が海へ流出、凝固材投入		原子力安全委員会、避難基準の積算線量を20ミリシーベルトとするよう助言
				福島県内1400校以上で放射線測定　～7日
4月6日				各地で小中学校入学式、始業式
4月7日	1:31	1号機格納容器へ窒素封入開始		
	23:32	宮城県で震度6強の地震発生（最大級の余震）		
4月8日				政府、イネの作付け禁止基準を土壌中の放射性セシウム5000ベクレル／キログラム超とする
4月10日				茨城県産原乳の出荷停止を解除
4月11日				政府、半径20キロ、30キロ圏外に「計画的避難区域」設定を発表
4月12日	17:16	地震発生、外部電源喪失（17：56復旧）		INES事故評価　最悪のレベル7へ（経産省、原子力安全・保安院：原子力委員会とともに記者会見し評価の内容を公表）

3月20日		4号機使用済み燃料プールへ放水（自衛隊）　～21日	17:10	福島県4市町村の原乳で最高5200ベクレル／キログラムの放射性ヨウ素を検出し、知事が県内全域の原乳出荷自粛を表明
		1号機圧力容器下部温度400℃付近、3号機250℃付近（圧力容器空だきか？）　～23日		100ミリシーベルト超え作業員7人に
3月21日				菅首相、福島、茨城、栃木、群馬のホウレンソウとかき菜、福島の原乳の出荷停止を指示
				ICRPが緊急時20～100、汚染後1～20ミリシーベルト等の参考レベルに関するコメントを発表
3月22日				東電、原発付近の海水から5066ベクレル／キログラムの放射性ヨウ素を検出と発表
3月23日			14:00すぎ	東京都葛飾区金町浄水場の水道水から乳児飲用基準値を超える210ベクレル／キログラムの放射性ヨウ素を検出
			21:00頃	安全委員会、SPEEDIの結果を初公表
3月24日				千葉県松戸市と埼玉県川口市の浄水場の水道水から乳児飲用基準値超えの放射性ヨウ素を検出
	10:30頃	3号機で作業員3人が173～180ミリシーベルトの被曝、うち2人の足に放射性物質が付着、100ミリシーベルト超え作業員17人		
3月25日	6:05	4号機使用済み燃料プールへ海水注入	11:46	政府、半径20～30キロ圏内に自主避難要請
	15:37	1号機炉心へ淡水注入開始		文科省、新学期開始の柔軟対処指示（福島県では新学期予定通りの実施を促す）
3月26日	10:10	2号機炉心へ淡水注入開始	14:30	東電、原発放水口付近の海水から50000ベクレル／キログラムの放射性ヨウ素を検出と発表
3月28日			23:30すぎ	東電、21、22日に原発敷地内で採取した土からプルトニウムを検出と発表
3月30日				東電、原発南放水口付近の海水から基準値の3355倍となる放射性ヨウ素を検出と発表

	9:10 〜	3号機燃料棒露出		気象庁、本震の規模をM 9.0に修正
	13:12	3号機原子炉圧力容器へ海水注入		
3月14日	5:20	3号機格納容器ベント		
	11:01	3号機原子炉建屋で水素爆発		
	13:25	2号機隔離時冷却系（RCIC）停止		
	16:34	2号機原子炉圧力容器へ海水注入		
	18:06	2号機圧力逃がし弁開放		
	19:53	2号機圧力逃がし弁開放(第2回)		
3月15日	0:02	2号機格納容器ベント		
	6:10	2号機格納容器圧力抑制室（サプレッションチェンバー）付近で水素爆発	5:25	菅首相、政府と東電の統合対策本部設置を表明
	6:14	4号機使用済み燃料プールで水素爆発	7:13	東海村の原研で毎時5マイクロシーベルト以上を観測、文科省に原災法10条通報
	9:38	4号機原子炉建屋で火災	10:22	3号機付近で毎時400ミリシーベルトを観測
			11:00	菅首相、半径20〜30キロ圏内に屋内退避指示
			13:44	文科省、関東の1都4県で核実験時を除き調査開始以来最高の放射線量を観測と発表
			17:00	福島市で毎時20マイクロシーベルトを超える
		厚労省、作業員の被曝線量限度を250ミリシーベルトに引き上げ		
3月17日		3号機へ放水（自衛隊ヘリ、警察高圧放水車、自衛隊消防車、米軍消防車、東京消防庁ハイパーレスキュー隊） 〜19日		厚労省、原子力安全委員会の「飲食物摂取制限に関する指標」を暫定規制値として各自治体に通知
3月18日			15:10	IAEA天野事務局長が経産大臣と会談、放射性物質測定専門家チーム4人が共に来日
			17:50	安全・保安院、INES暫定評価をレベル5と発表
3月19日			17:03	厚労省、福島県川俣町の原乳から最高1510ベクレル／キログラム、茨城県のホウレンソウから最高15020ベクレル／キログラムの放射性ヨウ素を検出したと発表

〈付録2〉福島第一原発の事故経過と放射能汚染

（上澤千尋・福島肇両氏の協力を得て、瀬川と井野が作成）

日付	時刻	福島第一原発の事故経過	時刻	放射能汚染と政府の対応
3月11日	14:46	東日本大地震（M9.0）発生。 1～3号機の原子炉自動停止		
	15:42	津波襲来。非常用ディーゼル発電機故障停止	15:42	原災法10条に基づく東電の通報
	16:36	3号機の緊急炉心冷却装置ECCSの高圧注水系（HPCI）作動、1・2号機では作動せず	16:45	原災法15条に基づく東電の通報
	20:00頃～	1号機非常用復水器（アイソレーション・コンデンサ）で冷却 2・3号機は原子炉隔離時冷却系（RCIC）が作動	19:03	政府、原子力緊急事態宣言、原子力災害対策本部を設置
			21:23	菅首相、半径3キロ圏内に避難指示、3～10キロ圏内に屋内退避指示
3月12日	3:00頃	3号機原子炉隔離時冷却系（RCIC）停止		
	4:00頃	1号機復水器停止（約8時間作動後）		
	4:15	1号機格納容器圧力9.4気圧(abs)	5:44	菅首相、避難指示を半径10キロ圏内に変更
	5:20～	1号機の原子炉水位急激に低下	7:11	菅首相が視察到着
	8:49	1号機燃料棒露出		
	14:30	1号機格納容器ベント（蒸気＋放射能＋水素放出）		
	15:36	1号機原子炉建屋で水素爆発	18:25	菅首相、避難指示を半径20キロ圏内に変更
	20:20	1号機原子炉圧力容器へ海水注入	20:30頃	菅首相が国民にメッセージ「一人の住民の皆さんにも健康被害といったようなことに陥らないように」
3月13日	2:45	3号機高圧注水系（HPCI）停止	1:50	女川原発で毎時21マイクロシーベルトを観測
	8:41	3号機格納容器ベント		

編者紹介

井野博満（いの・ひろみつ）
1938年生まれ。金属材料学。東京大学大学院数物系研究科博士課程修了。工学博士。東京大学名誉教授。「柏崎刈羽原発の閉鎖を訴える科学者・技術者の会」代表。共著『材料科学概論』（朝倉書店）『現代技術と労働の思想』（有斐閣）『「循環型社会」を問う』『循環型社会を創る』（藤原書店）『まるで原発などないかのように』（現代書館）、編著『徹底検証 21世紀の全技術』（藤原書店）他。

著者紹介

井野博満　→編者紹介参照

後藤政志（ごとう・まさし）
1949年生まれ。芝浦工業大学、國學院大學、早稲田大学・東京都市大学共同大学院非常勤講師。博士（工学）。設計工学、構造設計、産業技術論。元船舶・海洋構造物設計技師。元東芝・原子炉格納容器設計者。論文『海洋構造物の事故と安全性』（金属学会論文）、共著『徹底検証 21世紀の全技術』（藤原書店）他。

瀬川嘉之（せがわ・よしゆき）
1964年生まれ。早稲田大学理工学部物理学科卒業。高木学校医療被ばく問題研究グループ。市民科学研究室低線量被曝研究会。シューレ大学非常勤スタッフ。共著『受ける？受けない？エックス線 CT検査』（七つ森書館）他。

福島原発事故はなぜ起きたか（ふくしまげんぱつじこはなぜおきたか）

2011年6月30日　初版第1刷発行 ©

編　者　井野博満
発行者　藤原良雄
発行所　株式会社 藤原書店

〒162-0041　東京都新宿区早稲田鶴巻町523
電　話　03（5272）0301
FAX　03（5272）0450
振　替　00160-4-17013
info@fujiwara-shoten.co.jp

印刷・製本　音羽印刷株式会社

落丁本・乱丁本はお取替えいたします　Printed in Japan
定価はカバーに表示してあります　ISBN978-4-89434-806-6

今、現場で何が起きているか!?

徹底検証
21世紀の全技術

現代技術史研究会編
責任編集＝井野博満・佐伯康治

住居・食・水・家電・クルマ・医療など〝生活圏の技術〟、材料・エネルギー・輸送・コンピュータ・大量生産システム・軍事など〝産業社会の技術〟といった〝全技術〟をトータルに展開。

Ａ５並製　四四八頁　**三八〇〇円**
（二〇一〇年一〇月刊）
◇978-4-89434-763-2

ＩＴ革命の全貌を見直す

別冊『環』①
ＩＴ革命——光か闇か

〈対談〉「ＩＴ革命は、日本経済／世界経済を活性化するか?」
Ｒ・ボワイエ＋榊原英資
〈座談会〉「ＩＴ革命——光か闇か」
市川定夫＋黒崎政男＋相良邦夫＋桜井直文＋松原隆一郎
〈特別寄稿〉
「まなざしの倫理——像の時代から「ショーの時代」へ」
Ｉ・イリイチ

菊大並製　一九二頁　**一五〇〇円**
（二〇〇〇年一一月刊）
◇978-4-89434-203-3

日本版『奪われし未来』

環境ホルモンとは何か Ｉ・II

Ｉ（リプロダクティブ・ヘルスの視点から）
綿貫礼子＋武田玲子＋松崎早苗
II（日本列島の汚染をつかむ）
綿貫礼子編　**松崎早苗**　**武田玲子**
河村宏　**棚橋道郎**　**中村勢津子**

環境学、医学、化学、そして市民運動の現場の視点を総合した画期作。

Ａ５並製　Ｉ一六〇頁　II二九六頁
Ｉ一五〇〇円　II一九〇〇円
（一九九八年四月／九月刊）
Ｉ◇978-4-89434-099-2
II◇978-4-89434-108-1

ゴルフ場問題の〝古典〟

新装版
ゴルフ場亡国論

山田國廣編

リゾート法を背景にした、ゴルフ場の造成ラッシュに警鐘をならす、「ゴルフ場問題」火付けの書。現地で反対運動に携わる人々のレポートを中心に構成したベストセラー。自然・地域財政・汚職……といった「総合的環境破壊としてのゴルフ場問題」を詳説。

Ａ５並製　二七六頁　**二〇〇〇円**
カラー口絵
（一九九〇年三月／二〇〇三年三月刊）
◇978-4-89434-331-3

環境問題はなぜ問題か？

環境問題を哲学する

笹澤豊

気鋭のヘーゲル研究者が、建前だけの理想論ではなく、我々の欲望や利害の錯綜を踏まえた本音の部分から環境問題に向き合う野心作。既存の環境経済学・環境倫理学が前提とするものを超え、環境倫理のより強固な基盤を探る。

四六上製　二五六頁　二三〇〇円
（二〇〇三年一一月刊）
◇978-4-89434-368-9

科学者・市民のあるべき姿とは

物理・化学から考える環境問題

（科学する市民になるために）

白鳥紀一編

吉村和久・前田米藏・中山正敏・吉岡斉・井上有一

科学・技術の限界に生じる〝環境問題〟から現在の科学技術の本質を暴くことができるという立脚点に立ち、地球温暖化、フロン、原子力開発などの苦い例を、科学者・市民両方の立場を重ねつつつぶさに考察、科学の限界と可能性を突き止める画期的成果。

Ａ５並製　二七二頁　二八〇〇円
（二〇〇四年三月刊）
◇978-4-89434-382-5

「循環型社会」は本当に可能か

「循環型社会」を問う

（生命・技術・経済）

エントロピー学会編

責任編集＝井野博満・藤田祐幸

「生命系を重視する熱学的思考」を軸に、環境問題を根本から問い直す。

柴谷篤弘／室田武／勝木渥／白鳥紀一／井野博満／藤田祐幸／松崎早苗／関根友彦／河宮信郎／丸山真人／中村尚司／多辺田政弘

菊変並製　二八〇頁　二二〇〇円
（二〇〇一年四月刊）
◇978-4-89434-229-3

エントロピー学会二十年の成果

循環型社会を創る

（技術・経済・政策の展望）

エントロピー学会編

責任編集＝白鳥紀一・丸山真人

〝エントロピー〟と〝物質循環〟を基軸に社会再編を構想。

染野憲治／辻芳徳／熊本一規／川島和義／筆宝康之／上野潔／菅野芳秀／桑垣豊／秋葉哲／須藤正親／井野博満／松崎早苗／中村秀次／原田幸明／松本有一／森野栄一／篠原孝／丸山真人

菊変並製　二八八頁　二四〇〇円
（二〇〇三年二月刊）
◇978-4-89434-324-5